虛擬真實

LA RÉ VIRTUELLE.

AVEC OU SANS LE CORPS

我們的身體在或不在

ALAIN MILON

亞蘭・米龍————著

林德祐————譯

目錄

序

| 米凱拉・馬札諾[*]

我們經常談到虛擬實境、人工智慧、虛擬化身,身體似乎已經完全被網路文化吞沒了。但是「虛擬身體」究竟是甚麼?我們的肉身還剩下甚麼?「真實」與「虛擬」之間是否存在著不可逾越的鴻溝呢?

「虛擬性」(virtualité) 的拉丁詞源指向一種「特質」(vertu [virtus])的概念,也就是指向純粹可能性的狀態。正因如此,形容詞「虛擬的」(virtuel)才會被用來形容潛在

---

[*] 譯註:米凱拉・馬札諾(Michela Marzano),義大利哲學家、左派政治家,法國國家科學研究中心(CNRS)研究員,長期研究身體哲學的議題,寫作不輟,以法文撰寫的著作有《思考身體》(PUF, 2002)、《身體哲學》(PUF, 2007)、《應用倫理學》(PUF, 2008)、《法西斯主義:沉重的迴光返照》(LAROUSSE, 2009)等書。

的、可能實現的、可能的等意思。今日這個詞的意思主要是指3D合成影像互動模擬系統（所謂的「虛擬實境」），系統裡面都是一些去物質化的身體。

但是這些合成影像與人類身體之間有甚麼關聯呢？我們是否能將肉身轉變成一道或者數道影像呢？真實的身體只不過是一團「肉」，早晚要被遺忘，就像那些大讚網路文化的人所認為的那樣嗎？

哲學家亞蘭·米龍（Alain Milon）探討了虛擬身體的論述，以及其中產生的意識形態，他的論述手法新穎奇特，有時也撼動我們約定俗成的想法，提醒我們遺忘身體、否認身體可能帶來的危機。米龍便是從這樣的脈絡中，點出某些關於虛擬的理論彼此之間的矛盾。對這些學者而言，網路文化撤除了時空的束縛，讓人類可以用一個非物質身體生活。但在我們眼前的究竟是一個夢想（好萊塢掠奪了這個夢想，甚至變本加厲），還是一場惡夢？

好萊塢的電影過度使用虛擬身體，普遍認為這個身體遠遠優於我們物質性身體，這些都帶來更多的迷思，影響了我們對於人類的想法。但是這並不意味著必須摒棄虛擬真實中龐大的可能性。關鍵在於，我們必須理解真正的意義：虛擬並非真實的對立，相反的，虛擬指出一切的可能；並非消弭

身體的侷限，而是仔細審視身體，發展其潛能，不論在科學
領域或是藝術領域。

　　這本書相當嚴謹，可說是哲學分析與虛擬身體的當代
體現雙管齊下。閱讀此書，就像閱讀同樣收錄在「重審身體」
（Le corps, plus que jamais）叢書中的其他作品一樣，相當
令人振奮，有助於讓讀者辨識出執迷「虛擬真實」的關鍵點，
最終也得以辨識出真實的我們。

虛擬眞實

引言

「醫生，我想要整容

讓鼻子更挺拔

我想要減脂

重塑我的大腿和臀部線條

消除雙下巴

雙下巴讓我困擾不已

去除痘子

填充膠原讓嘴唇更翹

⋯⋯⋯

先生，讓我改變你的人生

只需改造你的身體

手術刀劃幾下

如果你同意的話

我可以對抗死亡以及死亡帶來的謬誤

用手術刀即可

只要劃開皮膚

在沉睡的病患身上

你只需要繳費

愛美就要受苦

不要害怕歲月催人老，傻瓜，

讓我在你身上留下一些永不磨滅的痕跡。」

　　這是法國歌手艾德貝爾（Aldebert）二〇〇二年發行的專輯《內用還是外帶？》（*Sur place ou à emporter*）中收錄的一首歌曲〈永不磨滅〉（Indélébile）。歌詞內容提及改造身體，以及身體承載的社會形象等問題。

　　然而，改造身體是意味著改變身體，讓身體變得更加理想、讓身體蛻變，還是貶低、否認或是消滅身體呢？改造身體時，觸碰的是身體本身，還是負載身體的外層呢？我們是否可以說身體已經過時報廢，今後取而代之的是虛擬真實？

　　令人驚訝的是，我們可以發現到，虛擬這個概念現今變得愈來愈重要了。虛擬隨著不同的時間以不同的模式呈現。電影、大眾媒體、電玩、電視，各以各的方式搶攻虛擬這個概念，好跟得上現代感。但是為何「虛擬」這個詞如此廣泛地運用，有如打開現代性入口的通關密語？虛擬是否能夠讓我們擺脫身體的桎梏？

　　本書旨在探討虛擬身體在我們社會中的地位，特別關注網路文化看待這個問題的方式。身體被運用的方式相當多元，從虛擬裝置標榜身體「此在」（là），到企圖甚高、卻從未確實思考身體的理論。**但身體究竟還剩下甚麼？**

　　通常，網路文化只是用替代物或偽裝物來取代身體，指涉的必然不再是身體，也沒有真正看待虛擬身體的概念。畢竟，所謂的虛擬身體，並不是用一些科技的人造物來取代真實的身體，而是能夠關注身體真正的侷限。從這個觀點來看，虛擬這個概念之所以有意義，並非虛擬與真實對立，也不是因為虛擬是真實的補充，而是在於虛擬是真實的**衡量**（mesure）。我們沒有理由把虛擬身體和真實身體視為對立。這樣的對立反而無法讓我們真正思考何謂虛擬。

　　筆者試圖闡釋，虛擬並不是真實的替代，就像虛擬也不比真實還要真實或不真實。虛擬就只是真實的一個屬性，在

諸多現實中的一種表達方式。如果我們回溯「virtuel」（虛擬）
這個字的演變，我們必須說，這個字從未被視為真實的對立
面，甚至也不是真實的延伸。虛擬值得探討，主要在於它能
夠從整體脈絡來審視真實，以便衡量真實的弱點、缺陷、力
量或特徵，而非只是科幻文學所演繹並一味挪用的幻象。

　　虛擬身體真正的本質，這個問題依然有待全面探討。針
對身體的虛擬性所提出的問題，網路文化只提供了片面的回
應。我們必須思索虛擬身體所揭示出的社會想像，觀測它所
衍生的多重文化再現，同時深入了解為何虛擬與真實其實是
同質共存的關係。究竟我們的文化是如何透過虛擬身體建造
了身體意象，就像整形外科讓幻想成形實現，而其中第一個
效果經常是打造了一個失真的身體[1]。但是為什麼虛擬身體經
常被視為人造身體？而面對這類的貶抑與窄化，其實還存在
著另一個虛擬真實的世界，正如本書後續會探討到的，這個
虛擬真實的世界啟動了「沉浸」和「擴增」的身體，無論如何，
這些身體也都是真實的[2]。

1.　從另一個層面來看，也可以從美容整型當中看到虛擬真實的問題。我們
　　實在很難分辨甚麼時候是修復整容（天生缺陷），甚麼時候是造型美容
　　（迎合當下的身體潮流）。

2.　電影不約而同運用虛擬來打造身體，通常製造了一個非物質身體，也就
　　是虛擬想像的身體，從真實身體衍生的一個幻象，與真實沒有接觸，一

種沒有肉身，可瞬時移動的資訊化身體，無所不能，無處不在，就像《駭客任務》（*Matrix*）、《X接觸：來自異世界》（*eXistenZ*）或《網路殺人遊戲》（*Avalon*）片中的身體。

Part 1

何謂虛擬？

虛擬眞實

1

虛擬身體和網路身體：
現況概述

「虛擬真實」（réalité virtuelle）一詞的使用經常導致混淆，原因在於這個概念的背後混雜疊置著兩個世界：一個是資訊建模的世界，主要的方式有「沉浸」和「擴增實境」[1]，另一個是虛構文學的世界，尤其是指科幻類作品。因此當我們談到資訊世界時，我們探討的是「虛擬實境」（Réalité Virtuelle）或是「沉浸實境」（Réalité Immergée）。 當我們論及虛構文學領域，以及相關衍生電影和錄像作品，

---

1. 擴增實境就是透過電子系統（感測器、耳機或觸控手套），改善感受真實的一種途徑。

我們就採用「虛擬真實」（réalité virtuelle）或「網路真實」
（cyberréalité）。同樣地，我們也區分資訊建模中的「虛擬身
體」和網路文化中的「網路身體」。

　　就虛構文學而言，網路身體是一個撤除所有物質束縛，
與肉身外層分離的身體。從科幻小說如何跨越基本物理原則
的設限，擺脫時空的束縛，我們便能知其一二。相反地，對
資訊科技而言，虛擬身體只不過是資訊建模的身體，在這個
構體上植入了科技裝備，有傳遞聽覺的頭盔，主導視覺的眼
鏡和負責觸覺、味覺、嗅覺的感測器。這個電子裝置可以讓
人身歷其境，沉浸於現實，增補現實，延續現實，必要時還
能複製現實。

　　在第一種情況，虛擬身體標榜擺脫了時空的束縛；在另
一種情況，虛擬身體是一個沉浸在自身侷限的身體。這可以
導出兩種迥異的想像建構：一種是科幻文學的想像，另一個
是應用科學的想像。這個對立也能在一些廣告宣傳中看見，
特別是近期法國海軍的廣告文宣，就在他們的海報上呈現了
一位海軍士官指揮著一艘戰艦，上頭還註明一段文字：「放
下你的電玩遊戲。新生活就從這裡開始，請加入法國海軍。」
的確，這張海報除了單純的宣傳論述與適切的瞄準對象之
外，還傳遞了其他的訊息。它顯示了在「真實生活」之外並沒
有「虛擬真實」的存在，也就是說只有「一道真實」，而且我們

無法知道這個真實究竟是來自虛擬，或是它本身就是真實。
廣告似乎要傳遞，頂多有一個擴增的真實，與電玩遊戲的虛
擬真實混在一起，也就是日常生活中的真實之外，又植入了
複雜的電子裝置，讓每個人都能隨著心情、隨著情境製造自
身的真實，而沒有人能知道究竟哪一個影響哪一個。這背後
隱約盤踞著一個想法，那就是我們可以把慾望，那些虛擬的
視為日常中的真實。

　　因此，在對虛擬身體的思索中，我們似乎有必要特別強
調在這個沉浸實境中，身體的特性、地位與功用。虛擬身體
是否是一個又是真實、又是機械、又是人工和資訊的身體？
還是它只是一個由影像合成組成的身體，也就是無物質、無
肉身外層的身體，即 3D 身體？甚至是一個物質與資訊部署
（dispositif）交織組合的身體？

　　這些提問由來已久，不需要等到二十一世紀才意識到，
身體是每個社會建構下的變動所呈現出來的徵候。希臘人早
已發現，思考身體也是思考社會連結及其政治再現的途徑。
二十一世紀帶來唯一的貢獻，就在於虛擬真實建模的發現，
提供了科技上的可能性。但是除了單純的歷史性研究，真正
可以思考的是身體的消失，身體的去人化，以及虛擬世界的
欲望取代了愉悅。虛擬身體真的就是一個沒有肉身外層的身

體，一個沒有弱點的身體，一個無慾望愉悅的身體，或者到頭來只是一個無生命的身體嗎？它會不會更是，或反而是，一個潛在的身體，一個可任意形變的身體，也形塑了未來的思想？透過這個身體，或許可以提問人為何物，人的地位以及人的侷限為何？

　　事實上，這裡涉及兩種對立的處理方式：一種是電影的處理方式，其中虛擬身體其實是單純的特效載體；另一種是資訊的處理方式，也就是虛擬實境的電子裝備，在這裡身體變成了科學試驗的場域。一邊是虛擬真實與網路身體，另一邊是虛擬實境與虛擬身體，在這個區分之外，還衍生另一個問題，與這兩個矛盾的虛擬真實中皆可看到的不同身體形象有關。當虛擬真實探問網路身體的特性時，它往往只是對身體投以單純幻象式的閱讀，類似像賽博格生化人[2]。賽博格身體是人類古老幻想的成果，也就是打造一具人工創造物，這樣的創造可溯及基督猶太的傳統，例如魔像（Golem），也可以在希臘神話中找到蹤跡，例如葛拉蒂（Galatée）。但這個

2.　賽博格（cyborg）是以無機體所構成的人造物，植入或者裝配在有機體身體內外，但思考動作均由有機體控制的生物。通常這樣做的目的是藉由人工科技來增加或強化生物體的能力，該詞最早由曼菲德·克萊恩斯（Manfred Clynes）在一九六〇年創造，當時他正從事生物科技的研究。

賽博格身體也與真實身體一樣，有其弱點，有其力量。事實上，虛擬真實受限的並非身體這一事實，而是虛擬本身的問題，而要呈現一個真正的虛擬實境，主要的困難在於對人體感官的配置安排缺乏認識。

在這個立場的背後，經常隱藏著我們的文化拒絕思考身體的事實。為一個無束縛身體辯護只是一種掩飾行徑。君不見納入場景中的身體依舊空乏其「身」？合成影像部署從不探問身體為何物；大推網路文化的這些人聲稱，人類即將邁向另一種科技變動下的人類。顯然，在這個脈絡中，拒絕思考身體的傾向，正反映在一具缺席、透明、空洞的身體之中。相反地，真正的身體若要全然存在，必須被視為對立物，以及對各種透明化企圖的抵抗。身體是不透明的，龐雜混濁，變動不居，永恆蛻變，也唯有如此，它才是真正的身體。

當虛擬實境攫取身體時，它竭盡所能另闢蹊徑，而我們試圖釐清這道路徑。事實上，虛擬實境所思考的，並非資訊建模如何讓身體擺脫各種物理上的束縛，而是如何設下制約的裝置，以便更加理解身體的極限與脆弱。這一切導向這個結論：身體並非全然可以模組化，始終有點甚麼是資訊程式無法觸及之處，也就是喬治·巴塔耶（Georges Bataille）*

＊　編註：喬治·巴塔耶（Georges Bataille，一八九七－一九六二），法國

在《情色論》（*L'Érotisme*）中所說的「身體無形」（informe du corps）。正是虛擬實境對身體的操作，讓人更能捕捉身體幽微隱匿、難以掌握的層面，也是這個難以掌握的面向讓真實的身體恆為身體。

虛擬實境中的虛擬身體，說穿了只有一個目的：打造一個與我們生活的真實「一樣真實」的真實，也就是想要透過人造身體沉浸在一個「如假包換」的真實中。在這個觀點中，虛擬身體首先可視為一個虛擬空間，這個虛擬空間比較是一個充滿束縛的場域，而非毫無拘束的空間。直到目前為止，虛擬真實的資訊建模始終遵從真實的範式。正是這個真實的範式決定了我們對真實多重形式的眼光，不論是虛擬真實、擴增真實、人造真實或是幻象真實。

研究虛擬身體也能讓我們重新發現自己的身體，特別是從兩種方式來看。一方面把身體視為衡量現實的單位 —— 任何身體的建模都少不了要以身體為指涉，另一方面把虛擬視為真實身體的回歸，因為虛擬身體更能捕捉身體這個物理載體的極限。無論如何，即使我們撻伐身體，將身體模組化，轉移到其他的載體，身體依然是丈量自身的單位。

哲學家、小說家，影響二十世紀法國思想界甚鉅，著有《情色論》、《眼睛的故事》、《內在經驗》等。

　　分析虛擬身體的所有狀態，不論是虛擬身體或網路身體，同時也是廣泛思考我們的文化理解身體、挪用身體的方式，特別是透過不同的變形，打造「身體」這個物件獨樹一格的意象。這個物件就是濃縮簡練、混沌未明的身體，有其侷限、有其脆弱的身體，私密且拒絕全然透明、一目瞭然的身體。

虛擬眞實

2

虛擬身體：眞實身體的鏡子

　　我們就從以下這個假設出發：虛擬身體是真實身體的一面「鏡身」（corps miroir），這個鏡身可以讓人更加理解、衡量、評估我們身體深層的特質。從這個觀點來看，虛擬身體可說是真實身體的一種視域調度（mise en perspective）。此外，虛擬身體又和人造身體不同，畢竟人造身體完全是製造出來，全然虛假的。因此，正如我們即將探討的，虛擬身體是一個尚未現實化的身體，隱含了真實身體的所有變動。

　　本文旨在顯示虛擬身體如何做為一具等待現實化，以便感受肉身感官的身體。的確，關於虛擬實境的研究都顯示，我們要如何從電腦合成影像的數據模組為主的複雜裝置中，

打造出視覺、聽覺、味覺或觸／壓覺[1]（haptique）等紛雜的感官環境。

電影工業如何運用資訊建模製造出所謂的「虛擬造物」，正好傳遞出這種模稜兩可的特性。說穿了，這些人造物只是合成影像的再現。這又導出一些矛盾的情況，特別是當電影挪用了這些合成影像，打造了一個只是由非人類智慧創造出來的模擬。有些電影，像是《駭客任務》、《錄影帶謀殺案》、《X接觸：來自異世界》，就操弄了日常生活與虛擬眞實的混淆，日常生活只是一種超級智慧打造出的眞實，而虛擬眞實則是眞正的存在，整體來說，這些電影操弄了哲學脈絡中的兩個問題。第一個問題是政治性的，與權力的來源緊密連結：世界的主宰者藏身何處？第二個提問是存在式的，與人的眞實地位相關：這個顯身於世的「我」究竟是甚麼[2]？

這個弔詭的處境也反映在電影透過銀幕複製電玩所謂的虛擬身體之中。就拿《古墓奇兵》的安潔莉娜・裘莉或《惡靈古堡》的蜜拉・喬娃維奇來說，到頭來我們實在分不清究竟

---

1. Haptique 的意思即是接觸的感官，泛指一切與觸覺相關的感官。

2. 好萊塢電影經常把這個提問簡化或誇張扭曲，《楚門的世界》（ *The Truman Show* ）就是一個例子。我們每個人彷彿都像金凱瑞（Jim Carrey）一樣變成了傀儡，即便到了電影尾聲，身為傀儡的我們竭力爭取某種自主權！

是遊戲開發者設定特定女演員，還是電影竭盡所能物色符合電玩中的女性身體。當真實的身體只剩下一些標準值，值得提問的反而是，誰模仿了誰：是虛擬真實，或者是「如假包換」的真實呢？虛擬真實通常被視為以真實為典範，就像虛擬實境中的資訊法則；而真實則往往追尋理想的典範，這個理想典範通常被認為能夠體現科幻世界中的虛擬真實。

為了避免諸如此類的混淆，必須把虛擬身體置放在一個框架下探討，並且採取一些措施。就虛擬身體來說，主要的問題在於這個概念屬於集體想像的層面，將數學模型和虛構原則連結，導向一些混雜的綜合體，過於簡化。所以我們有必要一開始就明確設置一個理論架構，廣泛思考虛擬的概念，這樣才能排除許多加諸其上的刻板印象，比方說：

　　－虛擬性與真實性是對立的，然而事實上確實有虛擬實境的存在，而且虛擬性只不過是尚未現實化的真實，也就是另一部分的真實；

　　－虛擬性是一種可以將我們沉浸在無束縛空間的方法，可以將人類從肉體的重量中釋放出來，然而實際上虛擬實境的首要目標，正是要打造一個與實存真實對等的模式[3]；

---

3. 虛擬實境的理論家發展出的沉浸原則正顯示，只有服從於真實的建模之

　　－虛擬性代表了夢幻科技的降臨，在此眞實中的每個行動者都富有無所不在的天賦，然而事實上，撇開科幻文學中所想像的人工創造，人工智慧、人工生命或機器人法則都服從於基本物理的基礎法則。

　　一旦撇開這些刻板想法，我們必須將上述的兩個問題加以整合，打造問題意識。第一個問題是關於虛擬實境中網路身體所隱匿的空無性；第二個問題是關於我們的文化從虛擬實境的模組中所傳送的身體意象。這些都可從許多陳述中看出：

　　－虛擬性把眞實世界變成一個沒有深度、沒有起伏的世界，一個無感覺的世界，把虛擬世界變成一個每個人都可以活在自己幻象的世界，然而通常這只是一個假面，隱藏了個人深層的空虛，想像可以用一場幻想之旅取代眞實的原則；

　　－虛擬性來自人類想要超脫束縛的慾望，追求無限的慾望，然而事實上這只不過是用快樂原則或感官享受取代慾望。電玩世界或是虛擬社群中的網路性幻想，都傳遞出這種不安。網路性幻想預設了身體的愉悅可以跨越身體本身，慾望只不過是幻想配置的一段故事，刻劃了一個比日常空間還

中，沉浸才有意義。

要私密的社會世界，或一個比社會生活的性慾還更加被實現的性慾；

　　－虛擬性超脫肉體，打造了一個撤除時空束縛的身體，然而虛擬性其實是真實的所在地，而且更加受限，因為虛擬性正是試圖以假亂真的方式重新打造身體的感官，虛擬性不識人類身體，從而無法體驗。「完全的沉浸」原則暫時是無法實現的。

　　這些層出不窮的替代，經常可以再由哲學、神祕主義的論述詮釋，論述或多或少建立在畢達哥拉斯身體墳墓的主題、柏拉圖式的理想化或是笛卡爾（Descartes）的身體機器[4]。虛擬真實，或許就是身體消失、拒絕身體的表示，打造一個無深度、無起伏的空間，一種無感官的真實，反映主體去人化的徵候。事實上，這就形同打造一個巨大的泡泡圈，每個人在自己的泡泡天地裡上演著自身的消逝。

---

4. 這些「聖經」並不表示畢達哥拉斯式的模組只能放置在文法（幾何）之中才有意義，也不表示對柏拉圖而言，理念就不能簡化為反實現，也不代表笛卡爾式的身體就不能侷限於機械論的部署。

虛擬眞實

3

虛擬眞實與虛擬性

Virtualité（虛擬性） 一詞出現在一六七四年，virtualisation（虛擬化）則是一九八〇年代的字眼，從「虛擬性」這個概念過渡到「虛擬化」，這個過程可看出身體被解讀為單純的人造機械構物的演變。事實上，虛擬身體遠比電影世界所呈現的還要複雜，電影總是把虛擬身體打造為無所不能、至高無上的表現，特別像是賽博格這樣的例子。

回溯這些初始概念有兩個目標：思索這些概念的建構，但更重要的是探討何以會出現這麼多的誤解，缺乏真正深入的理解。正是緣於這樣的動機，許多近期的專書盤點了一些

網路文化理論家使用的新潮概念[1]。

　　如果要了解虛擬性是在甚麼脈絡下建造，必須先盤點一些與虛擬實境相關的重要概念，例如：擴增實境、人造真實、沉浸式虛擬實境、虛擬互動、遠距虛擬、人工智慧和人工生命。

虛擬性與虛擬

　　虛擬通常有三個不同的含義。在光學上，虛擬呼應了鏡像；哲學上來說，虛擬是一種可能性；就數位創造而言，虛擬是一種演算。也有人說虛擬性是「潛在」（puissance），而非「已成之事」（fait accompli）。但在這個詞用法的背後有太多混淆不清的地方。一般來說，虛擬性這個概念常引發

1. 　可參考安娜・寇克蘭（Anne Cauquelin）的專書（*Le Site et le Paysage*, Paris, PUF, 2002）以及她對網路文化的批評，她使用了一些概念，例如塊莖、網絡、畛域、虛擬性、游牧主義，也援引了不少作者，如萊布尼茲（Leibniz）、傅柯（Foucault）或德勒茲（Deleuze）。以德勒茲的例子來看，值得一提的是，許多「網路哲學家」都相當倚賴德勒茲的思想，特別是用來分析網路這個網絡中的網絡。然而，也有一些情況顯示解讀過於簡略導致不良後果。建議最好能夠閱讀德勒茲的《差異與重複》（*Différence et répétition*），免得誤把塊莖當作網絡，把書平台當作書根源，把去畛域化誤讀為從一個畛域過渡到另一個畛域，把游牧主義當作移地遷徙，把虛擬當作可能，把皺褶當作無限……

兩個誤解。第一個誤解是把虛擬當作是真實的相反，暗指虛擬世界是一個非真實、想像的世界。這個混淆又因電影工業大規模的榨取而變得一發不可收拾，例如《駭客任務》或《X接觸：來自異世界》。第二個誤解比較詭詐，因為建立在一個混雜的說法，主要認為虛擬是一個尚未現實化的可能（possible non encore actualisé），因而把「虛擬」和「可能」放在同一個層面來探討。事實上，可能是一種過程，換言之，可能正是打造虛擬，讓它可以實現的東西。在這個觀點，對虛擬而言，可能是一種方法，甚至是虛擬的特質，而非狀態。

這種含糊不清的特性出現在日常用語中，虛擬同時被賦予較廣泛與較狹隘的涵義。廣義上指的是與現實化無關的東西；從狹義來看，虛擬則是指所有預先註定的東西，畢竟虛擬包含了現實化的條件。因此，所謂的虛擬通常指向尚未實現的東西，由此虛擬性一詞也經常帶來混淆[2]。

虛擬實境及其變化

---

2. 在本書「附錄」，透過探索真實、運動、必要和可能等問題，將會深入探討虛擬性這一概念。

　　本書一開始就區分了網路文化的虛擬真實和資訊建模的虛擬實境。如果我們取其最普遍的意義來說，虛擬實境就是以資訊科技的方法，逼真地再現一個真實或想像的世界。這是一個模擬物，能夠如實，且即時同步重現物理世界的一部分。就這樣打造了一些人造世界，與真實極為相似，讓我們對於所處的日常真實的存在產生「質疑」。因此，模擬飛行器可以發揮得維妙維肖，如果飛行員從而忘記了甚麼是所謂的虛擬跑道或真實的跑道。但虛擬實境並非單獨存在，虛擬實境要能成立，必須要有環境，一個模型，一個或數個操作者，少了這些元素，真實就無法建立，此外還要有一個互動系統，可以讓模型和操作者打造一個認知與感官的關係系統。在這之後才能提問，探討這些模型是運用在甚麼領域中，科學、藝術或是遊戲領域……

　　在這類定義背後隱藏著這個問題：一個物件如何既是虛擬又是真實？常理找到了解套之道，單純地認為虛擬真實，特別是電影工業所表現出來的虛擬真實，給人一種逼真的感覺，但是這只不過是虛擬，所以並不存在。某個虛擬造物可以在真實的世界中演變，但這只不過是假象。史蒂芬史匹柏如何在《侏儸紀公園》中把虛擬實境變成一個百分百的演員：恐龍並非演員，真正的主角是虛擬實境，它被提升為演員。這種虛擬與真實混雜使用，也大量運用在一些使用蘋果公司

QuickTime虛擬實境的唯讀記憶軟體中（可以讓人在預先計算好的3D空間中移動的軟體），例如奧塞美術館的導覽參訪……

在資訊科學的世界中，虛擬實境的定義如下：「虛擬真實的技術建立在與虛擬世界的即時互動，在行動介面的輔助下，讓使用者身歷其境，沉浸在這個仿真的環境中[3]。」電腦必須即時極盡逼真複製真實的世界，而不是讓使用者「潛入」一個非真實、幻想的世界中，擺脫各式束縛。虛擬實境是脫離現實的方式，以虛擬方式變換地點、時間與互動方式。

虛擬實境的目的，在於讓一個外在的身體能夠透過工具，像是手套或沉浸式VR頭盔，體驗數位化的真實。然而，虛擬實境也有一些來自人類身體複雜性的障礙。第一個障礙就是無法真正認識人體的感官過程，以及無法用科技途徑複製這些感官。第二個障礙是虛擬實境無法傳達某些感官，例如重量、觸覺，至少至目前為止，尚未研發出能夠提供這些物理感覺的介面。第三個障礙則是建模本身：哪一種模型針對哪一種真實？換言之，是否存在一種模型，能夠關

---

3. Philippe Fuchs et Guillaume Moreau (dir.), *Le Traité de la réalité virtuelle*, Paris, Presses de l'École des mines de Paris, 2002, p. 6.

注到真實的獨特性,包括真實所有的物理特性?一個能夠讓模型過渡到另一個模型的模型。

　　一旦這些障礙排除了,虛擬實境必須能夠提供一個系統,讓人可以進入電腦創造的合成世界,此外也要能夠同步即時處理電腦程式所定義的任務。這些程式必須讓人親身體驗一些感官(視覺、聽覺、觸覺、嗅覺、味覺),就像這些程式也能執行自然的動作,像是肢體動作或是移動。

　　事實上,這些在虛擬實境中實踐的動作只是真實的模組。在這個明確的情況下,虛擬正符合沒有物理存在的東西。虛擬實境是指將操作者融入一個世界中的所有系統,他可以與虛擬環境產生互動,即一個完全由電腦產生的合成環境。

▌ 擴增實境與人造真實 [4]

　　擴增實境的特徵就是打造一個系統,透過這個系統改善當事人對真實的感知。操作的方式是透過合成影像來進行,真實影像或影片之外再加入合成影像。透過半透明表層的介面把合成影像加諸在影片影像中,創造了一些像是在模擬器中的環境。飛行員的頭盔面罩就是使用了擴增實境中的透明

---

4. 更詳盡的定義可參考以下網址:www.inria.fr。

視覺或穿透式技術。但是擴增實境也還有其他層面的應用，特別像是遙控機器人領域。

人造真實則是從一個投影螢幕上的虛擬環境中呈現身體，或以數位建模的方式呈現身體。

▌互動／沉浸／想像

虛擬真實交織在一個雙重的概念中：與虛擬物件同步互動，以及虛擬世界中的沉浸式感官。即時互動與所有導航、創造和資料操縱類型的操作有關。頭戴顯示裝置能促成感官的沉浸，透過立體視覺投影螢幕系統的傳輸，成為新的發展趨勢。這樣的系統從視覺或聽覺上讓人產生置身電腦創造的虛擬環境中。

▌遠距臨場感

虛擬實境來自「遠距臨場感」這個觀念，也可稱為「遠距存在感」。這項技術是由美國太空總署的史高特・費雪（Scott Fisher）所研發。操作者佩戴手套、頭盔或是觸覺回饋裝置等介面，遙控機器人的一舉一動，機器人位在遠方，可能身處不利於人類存活的地方，例如太空、深海或是輻射污染區。機器人運用相機和感測器回報地形和任務執行方式等訊息。

▍ 遠距虛擬

遠距虛擬可以分享虛擬的世界[5]。透過兩個資訊系統的連結，許多人可以同時在虛擬場域中互動式溝通。這種遠距交流使用的是數位連結。比方說，很多人置身螢幕中，可以討論，進行虛擬遊戲，以 3D 資訊的方式進行交流。

▍ 遠程操作

遠程操作做為原則與技術，可以讓使用者在機器人系統的輔助下，從一個控制站透過電信的信道，遠距執行任務。

▍ 人工智慧

人工智慧是從屬哲學、語言學和心理學的學門。一般都視赫伯特・賽門（Herbert A. Simon）為人工智慧之父。人工智慧的問題在於了解，電腦是否能夠創造出與人類相仿的智慧模型。這樣的建模也還與許多問題相關，本書接下來會陸續探討。

▍ 互動性 — 互動

---

5. 美國 VPL 公司創建人拉尼爾（Jaron Lanier）也是虛擬實境共同發明人。他在一九八九年首次研發體驗了遠距虛擬的技術。

　　互動並非只是人與真實的對話，就像互動性也不能只是虛擬真實關係中的互動模擬，即便這種關係甚至可以改變真實。互動性的定義比較是個人與機器提供的資訊之間的對話活動。當使用者在接觸介面上施力，而這些介面又能夠回饋使用者，這就是互動性。當兩位或多位創造者在資訊程式中相互影響，或影響使用者，這也是互動性[6]。值得探討的正是資料輸入與處理引擎之間可能的關係。這就是使用者、介面與演算製造出的創造物之間的動態對話。

　　至於互動，通常是指兩種現象的相互作用，至少其中一個現象是由機器製造出來。當數個處理引擎進行資料的交換，這就是所謂的互動。所謂的引擎，就是指搜尋引擎、生成引擎或智慧引擎。這也可以進一步了解不同引擎之間的關聯。資訊產品中的所有活動就稱之為「互動性」。

▌創生性與自動代理

　　創生性只關係到處理引擎，例如文書、影像或聲音產生器。文書產生器就是指可以產生文本的資訊程式，文本的句

---

6. 可以參考《生物》（*Creatures*）中這類型的互動性。這個遊戲由史提芬‧葛朗德（Stephen Grand）和他的團隊於一九九六年研發。這個人工生命遊戲裡面的生物都有數位基因，可以跟使用者彼此互動，而且這些生物能夠學習，也能隨著環境和經驗改變他們的行為。

法和語意都具有一致性。事實上，這個產生器可以產出非事先記憶的資料，這也意味著資料自動調整轉換。

　　自動代理的定義是，程式提供資訊創造的內部代理（程式設計師設計的實體）完全獨立的運作。

虛擬眞實與虛擬性

Part 2
網路文化的無肉身之體

虛擬眞實

1

從無物質身體到不透明身體

「用這個標題寫出的會是一本怎樣的書：

我的身體日記！

人體所有的細節、波動起伏

會是一本怎樣的小說呀[1]！」

　　未來之書，不可能之書，無止盡重寫之書？當然是身體，但哪一個身體？遭否認的身體，展現的身體，情色化的身體，分割的身體，爆裂的身體，變形的身體，改造的身

1.　Paul Valéry, *Cahiers*, tome II, Paris, Gallimard, 1974, p. 1323.

體，崇高化的身體，摒除雜質的身體，去除肉身的身體，無性的身體，介面化的身體，網際空間化的身體……？

　　網路文化是一種相對模糊的拼湊物，包含以部署、裝置或表演為主的所有藝術活動，呈現與資訊發展結合的科技過程。網路文化因此匯集了許多領域，例如網路文學、網際空間、網路性別、網路藝術……在這層脈絡下，不論虛擬與否，這些身體是否就是身體的虛構、模擬、類似、假冒、隱喻、外層或是真實呢？當大部分理論家、造形藝術家、電影導演或網路文化、電子藝術、科技藝術的藝術家們談及身體，索求身體或是召喚身體，他們真正在思考的是甚麼？是否只存在一個理想型態的身體？從時尚模特兒到醫學健康的身體，再過渡到經濟的機器人、宗教的靈肉關係，關於身體的指涉真的屢見不鮮。這一切不能說只有一個身體，而是複數的身體。對網際空間而言，這個理想是否包含一個全像投影的身體，一個虛擬化身體，一個精煉化身體，一個無肉身之體或合成身體？

　　因此，展現身體就足以定義身體，就像裸露癖的人所想像的嗎？再說，身體就只是展現身體嗎？當我們裸露我們認為的身體時，究竟裸露了甚麼？身體是複雜的建構，肉身的物質性與精神的靈性都無法概述這個身體，尤其是如果我們

把身體劃分為靈／肉之分離。事實上，問題在於釐清何以網路文化用科技裝置取代了身體的思考，在科技裝置中，我們使用的不再是身體，而是身體截斷的、偽造的、精煉化或是美化的形式。網路文化是如何製造這樣一個身體意象，就是無肉身、無痛苦、無脆弱性的身體，一個以流動取代造型的身體，亦即一個無缺陷身體，不會受苦受難，無有慾望，總之就是一個沒有身體性（corporéité）的身體？

偽造還不僅止於此。除了呈現一個缺席的身體，網路文化也為身體帶來幻覺的想像。威力無窮的幻覺（無堅不摧的身體）、可逆轉的幻覺（不受時間操控的身體）、佔有的幻覺（全然駕馭一具已然失去物質性的身體）、無肉身的幻覺（全像攝影化身的誕生）、無空間束縛的幻覺（不再有疆界劃分）、絕對主體的幻覺（不再有個體，全部都是主人）、人工智慧的幻覺（無建模的擬人論）。最令人驚訝的是，這類型的幻覺建構幾乎都奠基於同樣的哲學論述，匆匆解讀畢達哥拉斯的禁慾論，誤讀笛卡爾的靈肉分離主張，以及機械裝置論，此外還包括宗教和神祕主義關於瞬間移動、全知全能的超能力。

如果我們仔細檢視這些林林總總的論點，不難發現，這些一個加一個的論點反而導致身體全然的消失。不過，究竟是哪個身體？靈肉關係的身體？肉體？肉？器官的加總？

役。這就是柏拉圖在許多對話錄中闡述的身體墳墓主題，例如《蒂邁歐篇》（ *Timée* ）、《斐多篇》（ *Phédon* ）或《高爾吉亞篇》（ *Gorgias* ）。第二個主題是由畢達哥拉斯派的學者研發，例如安提斯尼（Antisthène）、席諾普的第歐根尼（Diogène de Sinope），主張身體禁慾是為了達到自給自足（autarkeïa），最終目標是能夠不動情感（apatheïa）。禁慾可以強化身體，使身體不役於慾望與熱情，掙脫生活中的偶然性。面對生命中的悲傷、疾病、難過、痛苦、榮耀、殘缺……，這是唯一能夠找到平靜的方法。禁慾是一種幸福主義，而非享樂主義。這樣的人生實踐可在伊比鳩魯（Épicure）的學說中獲得印證，可參考他撰寫的《致梅內希書簡》（ *Lettre à Ménécée* ）和《梵諦岡語錄》（ *Sentences vaticanes* ）。

「禁慾」（ascèse）的詞源本身就顯示這種跡象。「禁慾」來自希臘文askèsis，意謂「實踐與鍛鍊」。這個詞最初指身體上的意思。運動員使用這個詞來表達生命的實踐。透過自我規範與約束，才能更全面擁有身體，但這不意味摒棄或撻伐身體。後來，這個詞開始被賦予宗教上的意涵，傳達了拒絕身體才能彰顯精神的意思[2]。但不論是哪一種情況，禁慾並

---

2. 同樣意思的移轉也出現在保羅的辯證論述中：保羅重新詮釋福音書，把身體的問題縮減為靈肉衝突。

不試圖撤除身體,而僅是讓人不要落入熱情的奴役。這裡並非要消泯身體,也不是要想像精神可以自外於身體存活,而是要理解,身體並非外層,而是慾望、痛苦、需求各取所需的匯集地。從這個觀點來看,身體之所以需要解放,純粹是為了要彰顯更加強韌的內在生命,並且理解,無論如何,身體恆為一個存在。

神祕的理想主義將身體導向昇華、淨化的身體,這個理想被網路文化大量使用。網路文化因而將身體縮減為受物理限制的一層外皮。這樣其實是遺棄肉身,鄙棄肉身,卻沒有思索:

— 網路文化探討身體時,總是將身體貶抑為一團肉。問題就在於肉身與身體是同一本質;肉體是身體私密的表達,而肉只是身體物質的特徵。網路文化將肉體與肉混為一談,將身體去肉身化,這樣反而不是解放身體,而是把身體縮貶為一種純粹形式上的抽象。肉身是身體存在的線索,而肉只是物質性的表達。沒有肉身,身體只有肉的厚度,亦即只是一團無形、無體態的團狀物。

— 網路文化的擁護者極度誇張地理想化身體,忽略了禁慾主義中的寫實性,其主要的定義是重返自然。他們尤其

忽略了畢達哥拉斯派學者的政治解讀。禁慾的目標或許更在於為城邦提供一個政治典範，以便打造一個天上人間的連結，人間一切變易不居，萬物註定毀滅，而穹蒼中，身體都是由精華組成，是不壞之身。禁慾變成打造平等政治典範的方法。就這個意義來說，畢達哥拉斯派學者闡述的這句話「一切都是數」可以獲得印證。最初是一，由一衍生二，接著三，依此類推。數字並非只是經驗工具，它也是計算規則，開啟所有抽象和形式上的建構[3]。當我們說一切都是數，這也是認為一切都是比例和和諧。

　　— 輪迴，也就是靈魂從一個身體轉換到另一個身體，並非摒棄肉身。輪迴比較像是啟蒙的歷程，而非棄絕身體。靈魂在身體的旅行，對畢達哥拉斯派的學者來說可以彰顯，靈魂是一個惡魔存在，囚禁於身體，身體驅使靈魂死後在地獄裡淨化自身，並且顯示，靈魂是由智力、意識與熱情組成的三聯體，證明人類具有意識的能力[4]。

---

3. 從這個觀點來看，畢達哥拉斯的數學重新賦予數學一詞真正的特質，因為數學在希臘文的意思是理解。

4. Diogène Laërce, *Vies, doctrines et sentences des philosophes illustres*, livre VIII, Paris, GF, 1965, p.135.

無脆弱身體

　　接下來要講述的原則延續我們之前的探討。網路身體的第二個特徵在於認為機械威力無邊：身體是脆弱的，那麼為何不把它「賽博格化」呢？人機合體力大無窮，堅不可摧，用仿生器官⁵取代身體，讓身體得以「擴充增能」，不失為上策。網路身體把身體的脆弱性視為缺陷，認定超機體就不會有「自然」身體所遭受的物理限制，但卻忽略了正是身體的脆弱性才顯現了它的存在原則。脆弱性才是身體真正的財富，身體從而可以探測與衡量自身的侷限。但是還有另一種面向的賽博格，也就是雷利・史考特（Ridley Scott）《銀翼殺手》（*Blade Runner*）電影中的人造人（répliquant）這個極限的造物，但他的力量既受到身體特質的侷限（他會死去），也受到心理特質的侷限（他會流露情感）。因此，賽博格並非只是物理的表現，也不只是人造體。事實上，賽博格具有雙棲優勢：首先是生化人的優勢，畢竟它在肌肉能力方面優於一般人類，另外還有人類的優勢，它把網路造物賦予人類的特徵，打造了一段系譜與個人想像。事實上，它並非複製人類，它只是在回應人類，對彌補人類的缺漏提出一個回應：

5.　仿生學是一門跨學門科學，出現在一九六〇年代初。仿生學把生物視為複雜組織的典範，人類可以從中學習研發。

賽博格幾乎是完美的造物，經常被極權主義意識形態視為典範。

　　事實上，身體的真實建立在考量到自身侷限的事實，唯有如此才能意識到人類處境的真正本質。若是沒有脆弱性，身體不僅失去感性的能力，也喪失以他人身體理解他人的能力。一個不被摧毀的身體並非強大無敵的表現，反而變成拒絕接受他者特殊性的表現。這種摒拒他者的情況幾乎變成電影表現的常態，比方說生化人的電影，電影中這些生化人沒有缺陷，有自主性，威力強大，抽離真實。

　　相反地，脆弱性可以讓身體理解自身的變動。事實上身體沒有任何穩定性，因為身體內部就是全然的變動與潛能。因此，身體比較是一種廣義來說的關係網絡，讓自身可以擺盪在不同的狀態中。它會不斷地死去，等待著最終的形式（屍體狀態），即便這並非引頸期盼的等待。而正是這個會生病、會受苦、有其脆弱的身體，才有了存在的道理。但也是因為人類身體在脆弱性彰顯自身，所以它不僅是痛苦的客體，也是承受痛苦的主體。把身體視為不可避免的客體，於是身體有時被減縮成生病的狀態（生病的身體），有時則是健康的狀態（健康的身體）。這也是把身體變成了一種外在的東西，當身體健康時，精神會忘了這個載器，當身體生病時，

人無法再忍受。

　　但是人類比這些都還要複雜。沒有一個病痛的身體能有健康的精神，或者沒有健康的身體會具有病懨懨的靈魂，只有會隨情境變換的身體，有時痛苦，有時享受。身體既非外於精神，亦非存於精神內部；它以整體的方式存在，經歷不同的狀態，舉凡喜悅、痛苦、悲傷、疼痛、情愛……，而這些狀態就是同一實體的表達，這個實體我們稱之為身體。

　　網路文化把身體簡化成仿生裝置，生病或健康的狀態對它而言只是身體之外部狀態，因此把身體縮減為一種可隨情況互換的皮層。如此一來，我們並非在身體裡面，而是在某種機械物中，沒有臉孔，沒有裸體，沒有肉身，沒有痛苦，換言之，這些情況等於是對身體的否認。

無塑性身體

　　網路文化的第三個論點建立在身體美學的闡釋：從身體的「塑形」過渡到身體的「流動性」。不論是希臘雕像的塑造或是數位藝術的多元性，造形就是身體特殊性的認可，甚至也接受身體的缺陷。相反地，合成影像中身體的流動性，是一種沒有粗糙不平、不會疲憊的身體，不消耗任何體力。合成

影像的流動形體變成一種簡化的形態，無特質可言。但這也不是說，合成影像就應該罪誅筆伐。真正該撻伐的，反而是把合成影像簡化成無深度的視覺效果，取代了真正的身體。電影的詭詐手法就是如此，利用合成影像製造效果，展現出這種合成身體人造、無生命的特色。

就像整形外科改造過的身體，合成身體也失落了存在性。無靈魂，無內在性，合成身體佔據一個無生命空間，傳遞一種詭異的感覺：那是一種無機的身體，不只因為它的動作僵化、不靈活，最主要還因為無機的特徵消除了身體自然的部分，取消了內在性與外在性之間的來回穿梭，而身體藉由內在性體現了存在，外在性則讓身體能夠理解他者的在場。

由此觀之，虛擬身體的問題自然不能簡化為概括的陳述，認為這些身體只是虛擬的模擬或影像。問題還要更深入。事實上，問題在於是否辨識出空間背景的真實。當人類的身體確實住在其周遭世界中，它是一種在場的符號。相反地，網路世界的身體省略了這個背景。它無法感受時空方位標所提供的不同的感官可能性[6]。

---

6. 這並不是所有關於合成影像的思索的情況。本書第三部分將探討有些數

　　相對於真實身體的塑性，合成影像更重視資訊身體的流動性，然而這種流動性立即顯露了缺乏藝術性輪廓。網路身體傳遞的訊息再簡單不過。不但比造形身體還要美觀，而且流動的身體無遠弗屆，就像美國導演安德魯・尼科爾（Andrew Niccol）的電影《虛擬偶像》（*Simone*）中的同名女主角席夢。整部電影弔詭的地方就在於很難找到一位真實的演員，來演出一位虛擬的演員。安德魯・尼哥爾接受採訪時也提到這個困難。一方面要能找到一位相當完美的演員來擔綱虛擬演員，另一方面有要具有獨特性，才能像是真人，因為合成身體給人的第一印象往往就是缺乏生命感，倒不是因為要呈現律動的身體技術上有困難，而是這些濃縮的身體給人一種不真、無生命的感覺。片中擔任虛擬女主角的瑞秋・羅伯茲（Rachel Roberts），打造了一整套與合成影像人物一模一樣的姿態。她身上也集結了所有西方美女身體的刻板元素：身體的理想典型變成一些標準的樣板。

　　網路世界執迷地跨越人類身體的特殊性，製造了一個流於形式的表象世界，電玩的圖像世界或是電影的虛幻設計都

位藝術家如何處理日常真實中的空間背景，特別是透過沉浸式虛擬實境。

可發現這種表象世界。網路文化創造的身體流動不定，不再是塑性的身體，它是透明的，沒有粗糙凹凸。它不僅僅是身體，而是一種形式的影像，這個形式的典範或許就是身體的外層。也正因為只有外層，合成影像試圖在資訊程式中製造消失的內容。合成身體禁錮在身體的表象中，由於過度的合成加工，反而失落了身體和影像。已經沒有身體可言了，因為身體必須在內在性的潛力中才能顯現；也沒有影像了，因為影像不能淪為只是一抹簡化的表面與外層，即便是一個藝術的影像。

在與世界的關係中，身體需要一個在場（présence），一個寓所，一場感性、感官的支配，也就是身體最私密、最內在的慾望表達。身體始終是一個在肉身中的潛能，需要裸體才能存在。而合成身體，即使裸裎相見，也從未真正的裸身；它依然披覆著不同合成的混雜物。

身體化身

比主體還要更加主體，化身[7]以及衍生出的多重人格，

---

7. 「化身」（avatar）一詞主要用於虛擬社群的世界，但也適用於冒險遊戲和線上的角色扮演，網民自行選擇的代替身分（身體方面或個性）。

是網路身體的第四個特徵，這又讓我們看見一個身體可以置
「身」事外、不須奮不顧「身」的處境。

　　在網路世界中，一般的身體是微弱的，受到許多無法
掌控的束縛。化身則相反，它無所不能；它濃縮了所有個人
想要操作，而真實又禁止的諸多可能。由於是虛擬，所以化
身幾乎可以採取任何的型態。身體化身就像一個多重面貌的
人，可以全然活在幻象中，與日常生活的關係相當遙遠。但
是，當我們仔細觀察化身的真實本質，我們可以了解，化身
只不過是主體掩飾的工具，用來衡量自身的匱乏。在這些不
同人物背後，躲藏著同一個主體，活在自身的空乏之中。而
通常這個多重性背後只不過是一個內在匱乏的主體，等待著
始終缺席的私密性。累積並不使人富足，不斷變換身分也無
法填補基底的空缺。從這個觀點來說，《第二世界》[8]指的不
是別的世界，而是一個已經存在的世界的一個面向。

　　「網路哲學家」認為虛擬化身具有多重的強大力量，他們
打造出一整個關於虛擬實境的隱喻結構，主體能夠脫離平庸
的日常現實，投身一個更豐富、更深遠的世界。在網路世界

8.　《第二世界》（*Le Deuxième Monde*）由 Cryo Interactive 和 Canal+
　　Multimedia 於一九九七年推出，這個遊戲呈現了兩個虛擬的世界，一個
　　是巴黎表面的世界，另一個是巴黎地底世界，網友可以在此穿梭，彼此
　　交流與聯繫。

中,科技或許能讓我們從一個世界轉渡到另一個世界。但是這些另類世界提出的不同建構,只反映出真實的複本。

在這些情況下,並非主體藏匿在網路化身的背後,而是網路化身呈現了自身內在性的空乏,試圖掩藏自身的缺陷。此外,並非虛擬化身豐富了個人的想像力。這些化身只不過是科技裝置,在主體的想像中構築成形。最危險的就是想像力被網路化身取代的時刻。線上遊戲正是網路化身的消費者,在線上角色扮演遊戲中,我們可以輕易地發現,除了少部分的例外,扮演的大多都是同樣典型的性格。此外,比起有個「遊戲主人」的真正角色扮演,電子網絡的科技裝置,並未能帶來甚麼貢獻。

無臉身體:介面

無特色,無身分,網路文化向我們提供了一個介面,等待著一張永不來臨的臉孔。網路文化期待的是一張忘記肉身、忘卻重力的臉孔,以無表情的再現取代面孔,製造了一個標準的形體,可相互操作,相互連結。在網路世界中,這個再現變成介面,也就是可以連接許多不同資訊元素,而不涉及眼光背後的主體與眼光的問題。這個連結的可能性可以有不同的面向,在我們所討論的情況中,我們特別關注的是

介面所具備的潛在表情。

　　最初，介面是指可以連結兩部電腦或周邊裝置的接頭，然而這個接頭不只是連結的功用，在網際空間中，它變成複雜的關係系統，試圖用網絡取代臉孔。在這個用介面取代臉孔的問題背後，值得討論的是主體的身分。網路文化如何看待主體的概念？一個絕對實體，一個純粹的思考，一個無形體的抽象，一個掙脫身體束縛的多重性，一個能飛的物質？

　　在此，問題不在於把身體視為一種思考或是把思考視為身體，也不在於探討個體如何擺脫身體的束縛。真正值得討論的是，網際空間中的主體，是否還需要一張臉來打造它的身分。而且，網際空間的主體是否尋找身分呢？

　　只停留在主體掙脫身體束縛的問題，這樣對於所謂的身體注定只會得出一個悲觀的想法。沒有肉身的身體肯定與無身體的主體或是無身分的主體同樣空乏。同樣的，介面擁有多重的身分，最後反而失去了它的臉或多張臉孔，以及它的表達。就臉這個概念而言，網路文化只捕捉到面具，彷彿面具就足以理解臉孔的複雜性。[9]臉不僅止於表達身體之表達：

---

9. Gilles Deleuze et Félix Guattari, *Mille Plateaux*, Pais, Éditions de Minuit, 1980, p. 206.

它把身體感受到的付諸行動。它是身體最具表達力、最可見的部分。隨著介面，這些表達的部分全都消失，沒有表達甚麼，只呈現出一些累加的虛空。

從這個觀點來看，我們進入網路世界並非探索真實生活，而是要衡量、品嘗自身的缺乏。

超脫時空的身體：去畛域化身體

網際空間跨越物理學的基本規則，將主體沉潛至 n 維度的空間，再也無法知道究竟此空間是指涉哪一個典範。主體在這個 n 維度空間天馬行空，失去了時間與空間的背景，這個背景是主體生活經驗主要、也能夠結構它的座標。把身體牽連其中並非毫無影響。我的疆界在哪裡？限制身體的是甚麼？我的時空背景在哪裡？

頭戴顯示裝置、感測器，這些裝置將我們帶往一個去畛域化的真實，意即這是一個無標記、無疆域的真實。但真正的問題不在此。問題在於座標的喪失將我們導向持續的去畛域化。不論主體情願或是被動地撤離一個疆域，它試圖找到一個屬於它的空間，且能在這個空間找到自我。我們再更清楚說明，針對這個概念的脈絡稍加解釋。就如哲學家德勒茲（Gilles Deleuze）和瓜塔里（Félix Guattari）在《千重台》

（*Mille Plateaux*）講述的，脫離畛域，也就是去畛域化的過程，是國家對個體的掌控。當國家將個人去畛域化，等於是撤銷個人的特殊性。去除了個體依附的根莖，就等於將個體去人化。這個國家加諸在個人的去人化形式，將個人簡化為商品。這便是危險所在。國家要去畛域化的商品都是戰爭機器，消除了個人的唯一性與特殊性。只有藉由再畛域化，重新找回所在，個人才能找到本質。

　　去畛域化並非從一地變換到另一地，這樣的說法是觀光的說法，然而，就虛擬身體的例子來說，去畛域化的意思是指身體由於距離喪失而去肉身化。電玩遊戲的虛擬，解構了空間與時間的背景，使身體喪失自己的疆域，並非由於使身體移動位置，而是在於虛擬造成了方位標喪失。正如電影《駭客任務》所揭示的，這樣的喪失來自一個抽象的結構。母體是無邊無際的空間，全憑個人如何設限。這個空蕩的外殼無法使人理解真實身體的侷限。然而，身體的限制多不勝數：皮膚是身體的邊界，裸是心理的界線。身體即刻的侷限就是身體的疆域。以裸體來說，裸並非用來界定害羞與不害羞界線的標誌。裸比較是一種手段，建構了害羞與不害羞的微妙遊戲，與網際空間的認知大異其趣。

人工智慧：比智慧還要智慧！

　　人工智慧一詞的使用必須非常謹慎。這個詞同時被電影工業、電玩工業和資訊研究員使用，但意思其實模稜兩可。然而，我們指出人工智慧的侷限，並非對人工智慧有所畏懼。藉由人工智慧，我們試圖詰問主體的位置與價值。分析人工智慧有趣的地方在於透過專家系統，比方說集合型搜尋引擎的智慧型代理，提出了建模的問題。人工智慧顯示了問題在於天然智慧與人工智慧的差異，而不是人與機器專家系統程度上的差異。

　　捍衛這個理論模式的科學家，都大大否認這個領域隱含的意識形態。美國電腦科學家赫伯特・亞歷山大・賽門（Herbert A. Simon）和艾倫・紐厄爾（Allen Newell）於一九五七年的宣示已經遠離我們了，他們認為電腦具有超強的潛力，能夠製造出與人類同等複雜的思考。人工智慧已經轉變了，它已經走出擬人論的窠臼，即便最初的想法隱約包含以下幾點：

　　－生物學的觀點，認為大腦根據幽微的指示處理資訊。這樣的說法把人腦簡化成是或不是的轉換器。

　　－心理學觀點，認為智慧是服從的系統，聽命於資訊二元元素，根據要或不要這個形式上的規則。

 — 認識論觀點認為，所有知識都可以用邏輯關係的形式來陳述表達。

 — 本體論觀點認為，存在的一切是一個總集合，每個元素都獨立於其他的元素之外[10]。

附帶說一點，二戰後的人工智慧，也就是我們俗稱的舊人工智慧，與當今的智慧型代理和自動代理的發展並不相同。舊人工智慧把人機關係的問題貶為解決數學邏輯和語言的問題。相反地，現代的人工智慧則著重資訊意義的內容，脈絡環境，以及使用者的處境。今日，我們更加重視資訊脈絡的分析，而非資訊製造的邏輯形式過程。換言之，內容比思考的邏輯更重要[11]。

人工智慧的矛盾與虛擬實境的矛盾一樣，虛擬實境企圖打造一個掙脫日常真實的束縛，潛入一個同樣束縛的世界中。而人工智慧的過程也是一樣，旨在打造一個智慧模型，可以超越一般智慧，但是這個模型是根據一般智慧而來。

---

10. Hubert L. Dreyfus, *Intelligence artificielle : mythes et limites*, Paris, Flammarion, 1984, p. 191.

11. 針對這個問題的其他分析，可參考法國國立電信學院 D. Berthier 的文章：〈抽象的理性代理，AI 物件？〉，這篇文章也提出 AI 作為一種在社會組織的背景下，列出公式的知識，以及作為從屬於精確任務執行的知識。

　　人工智慧的神話，或至少網路文化釋出的意思，並未真正意識到，人工智慧真正的問題在於理解如何製造形式化、可計算的思考模式，然而思考模式是無法簡化成一個演算過程的。這個形式化是否為人類特有之思考模式的重複？還是人工智慧帶來改變，修改或讓人類知識產生變化？

　　網路文化並沒有處理這個本質的問題。它只是打造了一個像史蒂芬・史匹柏在電影《A.I.人工智慧》那樣的科技夢幻論述，彷彿人工智慧的問題及其衍生的產物，都變成了皮諾丘的夢幻世界，不論這個皮諾丘是不是複製人。就以這個案例來說，在此可以看出差異，一個是迪士尼世界特效的電影產品，改編自布萊恩・歐狄斯（Brian Aldiss）[12]的小說，另一個是史丹利・庫柏力克（Stanley Kubrick）的電影《二○○一太空漫遊》（*2001, l'Odyssée de l'espace*），片中提出了從植物到礦物轉變的問題（與波特萊爾〔Baudelaire〕的說法

---

12. 如果我們重新觀看史蒂芬・史匹柏的科幻世界（《第三類接觸》、《ET》、《AI人工智慧》），我們可以發現導演似乎都在迴避電影提出來的問題：與外星人相遇，但最後的結局變成抒情的飛翔，外星人的問題最後變成只是玩偶的兒童寓言故事，人工智慧的問題也變成了無法走出童年世界的一段賺人熱淚故事。還可以再提到《關鍵報告》（*Minority Report*）以及這段關於監控社會的老掉牙論述：「喬治・歐威爾的預言，」史蒂芬史匹柏提到《關鍵報告》時說道：「二十一世紀就要實現了。獨裁者就要突破我們的防線，佔領我們的家園，將我們僅存的私密全都撤除。」

不謀而合:「我憎惡移動線條的運動」),電影中的黑石板影像,以及哈兒(Hall)這個擁有批評能力的超級電腦,都可看出這個轉變。

人工智慧的問題,也不能視作科幻小說所描述的機器人定律看待,例如以撒‧艾西莫夫(Isaac Asimov)的《機器人城邦》(*La Cité des robots*)或是伍‧威廉(William Franking Wu)和亞瑟‧拜倫‧卡佛(Arthur Byron Cover)的《生化人》(*Cyborg*)。控制論有機體可定義為下列模式:「一個機器人是一個機器人,一個有機體是一個有機體:我曾想像一個海綿型態、鉑銥合金的正電子腦;正電子腦,因為正電子是電子的相反,但是我發現這個原因註定不成立,因為腦必須是電腦才行[13]。」

時至今日,AI似乎更關注機器介面與網路連結的社會組織,而非製造一些動物機器人來彌補情感的匱乏,就像SONY的機器狗,一種具聲辨能力,能依據基本互動與真人對話的小型機器動物[14]。

---

13. William F. Wu, Arthur B. Cover, *Cyborg*, Paris, J'ai Lu, 1990, p. 9.

14. 同樣的道理,也可以參考 HRP-2 型態生化機器人(日本政府代理),三菱的 Wakamaru 機器人,富士通的 Maron-1 機器人,三陽的 Temzac,Dr Robot Inc. 的機器人博士,本田的 Asimo,SONY 的 SDR-4X 或 Business Design Lab. 的 Ifbot。

無慾望身體：網路性愛

　　網路文化將它的想像建立在另一個幻象上。一方面，竭力證明對身體的憎惡，與此同時，卻又鼓吹性解放，其形式就像一個從自身外層解放的身體，可以為所欲為，儼然是一種「歡愉站」。這或許就是高潮所在！成功打造一場無身體的虛擬性愛，或是沒有感官的愉悅。這倒是奇特地令人聯想起一些性行為心理化的性實驗，就像譚崔密教（tantrisme）：不再需要性，只要有念頭就可以情生意動了。

　　這個網路的想像超越了性愛光碟或是色情網站，因為網路性愛並非只是技術上的問題，也不是尋找新經驗（可以擁有多次性接觸的多個化身，或使用論壇，彷彿網路性愛的問題就像阿諾史瓦辛格在《魔鬼總動員》中的虛擬旅行，每次都可以虛擬的方式選擇旅伴）。此外，我們如何能一方面肯定肉身重力的解放，與此同時又主張進入性愛？

　　事實上，網路性愛的問題可概述為「慾望客體」身體的消失，取而代之的是「無主體歡愉」的網路性愛。如果說，慾望不能只是主體在場或消失的問題，歡愉則完全不需要他人在場。網路文化提出的並非歡愉取代了慾望，而是拒絕異化：網路性愛只把性愛視為他者消失的時刻。如何讓主體消失，比較是網路性愛存在的理由。

　　以上我們所探討的，可以看出網路身體的侷限與缺陷。但是身體到底是怎麼一回事呢？我們不打算在此講出何謂身體，給身體下定義或是界定身體為何。我們只能提出一些想法，有助於理解真正的身體、全然的身體以及模糊的身體之特殊性。

身體上的某物

　　除了心靈與身體結合的問題，史賓諾莎（Spinoza）在《倫理學》（*L'Éthique*）中提到，「事實上，目前尚無人能夠確說身體能做甚麼。」我們也可以補充說，我們純粹不知身體為何物，但同時也要進一步說明，不知身體能做甚麼，並非意味大腦無法感受身體，或者只看得見表象的身體。若要理解身體能做甚麼，就必須知道，史賓諾莎透過身體提出了存在樣式的潛能（la puissance des modes d'existence）。心靈與身體結合論始終主導了我們對身體的閱讀，這個存在潛能說，肯定是最能讓人跳脫此番結合論的最理想途徑。

　　無法界定身體能做甚麼，對史賓諾莎而言，就等於意識到，我們對於情感以及存在潛能的擴延一無所知。相反地，身體確實存在，但並非以肉身場地存在，而是所有構成我們

內在性的表現。身體並非我們單從某一感官就可辨識的物件。觸碰、感受、窺見，並不足以了解身體為何物。正是如此，萊布尼茲（Leibniz）才提出身體自然的問題，身體自然「並不只是擴延的問題⋯⋯而是必須在身體中辨識某種與靈魂相關之物，一般稱為實體形式（forme substantielle）[15]」。身體不只是皮層、肉身、皮膚、肉團、器官、生命強度、機械組合，它更是存在潛能的陳述，可以是培根（Francis Bacon）的「無表面身體」，也可以是亞陶（Antonin Artaud）的「無器官身體」[16]。

　　首先，身體是**我的身體**，雖然說往往是身體佔有我們，而非我們佔有身體。身體是一種「我拋棄，我便喪失」的東西。身體無形，畢竟我只能透過身體內在或外在的局部來探索其獨特的形式，但也因此無法掌握其整體。我只能從身體的縫隙來感受它。其次，身體是**他者感知我的第一物件**。身體具有形體，但這個形體通常只是一個表面，必須閉

---

15. Leibniz, *Discours de métaphysique*, Paris, Vrin, 1975, p.41, ch.12.

16. 貝克特（Beckett）或是路易斯・卡羅（Lewis Carroll）對於混成詞（le mot-valise）的分析，畫家培根（Bacon）的無臉、無表面身體的畫作，戲劇理論家亞陶（Artaud）呈現的無器官身體，這些都表現出各種身體狀態的複雜性。德勒茲與瓜塔里在《千重台》也對無器官身體的概念有深層的思索：「一九四七年十一月二十八日，要如何打造一具無器官身體。」但是類似的身體思考較少在電子藝術中看見。

置，這個表面才會真正顯現。第三，身體是它所**內盛之物**（ce qu'il contient）。正因如此，身體變成生物學的物件，這樣的發現引發驚奇。但這個驚奇並不在於身體被認為包含器官，令人驚奇的應該是發現了身體既是載體也是載物。作為載體，身體透過外在的皮層界定皮膚、器官的組合。身體作為載物，摒除了內外的界線，持續膨脹擴張。身體作為載物，把載體變成了需要承載的物件。但不論是載體或載物，身體提出了界線的問題。從這個角度思考，身體性的意義才被彰顯，因為身體性賦予自身的界線一個意義，而且身體性也可以衡量身體與自己和他人的關係。

哲學家楊凱列維奇（Vladimir Jankélévitch）在《純與不純》（*Le Pur et l'Impur*）中以身體形式作為「官能－阻礙」（organe-obstacle），來回應這些問題。身體會組織，也是被組織，但身體也會隨著每次的建構，產生無數個抵抗的場域。身體就是自身的阻礙，畢竟它並非單獨存在，而且要成為身體，它必須展現對周遭事物的抵抗。在抵抗時，身體性才提供身體顯現的機會，身體性，在它自己的組織中，同時表達了組織和阻礙。正如作家保羅·梵樂希（Paul Valéry）所述，藝術家的手是身體的一部分，但也是敵對的時刻。身體永遠是自己的反身體，一種橫跨三個層次的多義體系：

－心理系統，透過這個系統，個體才能顯現為主體；

－社會系統，透過這個方式，個體吸收並認同相關的文化實踐；

－宇宙系統，主體從此系統參與了信仰，而非社會操作。

身體正是在這樣的體系中建構自身，不只是打造成生物學的實體，而是變成社會的再現，積極地主動展現主體的潛能，消極地複製社會實踐行為。

身體存在，因為它是化身為人的原則，其一，就自然法則而言，身體有其界限，即身體的擴延，其二，從知性上而言，身體有其原則，即其存在的潛能。身體並非**慾望的客體**，而是**慾望**，它也不是**表達的模式**，而是**存在的場域**。它超越身體的表象，不能只是被視為空間的裝置[17]。

身體也不是一個工具。我們可以聽從尼采的說法：「我

---

17. 這些一味撻伐肉體的「身體觀看者」，其實也和那些自以為揭露身體、攤展身體或實現身體的導演沒有兩樣，充其量就是誤讀了亞陶的這段話：「打碎語言觸及生命」，而沒有弄懂，事實上，亞陶的這句話正是要質問這些「身體觀看者」或半調子的身體解放者。對亞陶來說，打碎語言意味著劈開身體，讓身體顯現出私密的語言，個人的語言，無人使用過的語言，吶喊的語言，《羅德茲手札》（ *Cahiers de Rodez* ）中最後的吶喊（參考亞陶的《劇場及其複象》（ *Le Théâtre et son double* ）, Paris, Gallimard, réédition 1976, p. 17 ）。

就是身體全部，並非他物，靈魂只是形容身體某物的字眼[18]。」
但我們還是必須補充，這裡所謂的「身體某物」並未意味靈
魂附在身體裡面，或是靈魂存在，而是要說身體才是全部。
它是一個實體，接著隨著情況變成人，變成主體，變成創造
物、本體或個體。身體就是國王，正如皮耶・米雄（Pierre
Michon）在小說《國王的身體》（Corps du roi）中的描述，書
中一開始就寫道：

> 眾所皆知，國王有兩個身體：一個是歷經朝代更
> 迭，永恆的身體，文字記載使這個身體即位、加
> 冕，這個身體可以名為莎士比亞、喬伊斯、貝克
> 特，或布魯諾、但丁、維科(Vico)、喬伊斯、貝克
> 特，但這同時也是一個穿著舊袍的不朽之身；它還
> 有另外一個腐朽之身，那是屬於功能性的，相對性
> 的，從破陋衣服到腐屍，這個身體叫做、只會叫做
> 但丁；鷹勾鼻，上方頂著一頂鴨舌帽，這個身體只
> 會叫做喬伊斯；帶著戒指、患有近視，表情驚愕，
> 這個身體只會是莎士比亞，他享有伊莉莎白女王優

---

18. Friedrich Nietzsche, *Œuvres complètes. Ainsi parlait Zarathoustra*, Paris, Gallimard 1971, p. 45.

渥的年金 [19]。

接下來,也只有接下來,我們才更能理解,要捕捉身體,就要如何先解析身體的映鏡,並且理解身體不能只是當作肉團來對待。如果身體不能以肉為度量,正是因為肉並非肉體,肉只能做一種肉體物質的衡量,無法丈量所屬本質的深度。這個把身體當作自我映鏡的工夫,網路文化直接省略,視若無睹。

綜合來說,虛擬真實揭示的身體總是遭到窄化,理想的情況,被認為是一些視覺效果,糟糕的情況,被視為是科技的拼裝物。虛擬的世界總是想像,改造空間,就能改造身體,但事實上,虛擬世界頂多就是呈現了一個模擬物,這個模擬物把身體的界線貶為物質的邊界。正如我們陸續會探討的,電子藝術中的虛擬身體,是否是自身的一個身體複本,一個空泛的身體,所有身體的幻象,受到保護的身體,或純粹是一種科技產物,作為身體性的延伸或替代?

---

19. Pierre Michon, *Corps du roi*, Lagrasse, Verdier, 2002, p. 13-14.

2

好萊塢的場景調度

《駭客任務》、《錄影帶謀殺案》、《X接觸：來自異世界》、
《魔鬼終結者》、《虛擬偶像》

電影中所製造的虛擬身體並不只是一些特效和特技的
組成，但是透過鮮明的話語，電影確實傳遞了斷章取義的影
像，它遠遠不及虛擬身體的潛力。這樣使用身體無法不構成
問題，而我們在此關注的就是，某一些電影如何將虛擬身體
縮減為一種無感覺身體。

身體這個主題在科幻電影中有廣泛的發揮，但是在此，

問題不在於研究這些入選的電影是否符合了科學標準。之所以選擇這些電影，主要是基於它們在眾多預測未來的電影想像中佔有一席之地。電影之外，能夠引起我們關注的還是電影所提出的主題。

好萊塢式的虛擬真實：《駭客任務》三部曲

《駭客任務》是拉里和安迪・華卓斯基（Larry et Andy Wachowski）*一九九九年製作的電影，二〇〇三年還推出兩部續集：《駭客任務：重裝上陣》（ *The Matrix Reloaded* ）和《駭客任務完結篇：最後戰役》（ *The Matrix Revolutions* ）。這個電影三部曲探討了虛擬真實的問題，以及身體根據這些增補的視野，在實境中被呈現的方式。《駭客任務1》探討的是虛擬與真實之間的關係；《駭客任務2》則提出了真實身體與資訊程式融合的問題。影片透過特工史密斯這號人物，試圖詮釋虛擬在身體中的進行，至於《駭客任務3》則反思了人與機器的關係，以及人要如何與機器合作，共同抵抗入侵並掌權的資訊程式。這三部曲整體的結論，對於人類與機器的關係

---

* 編註：兩人已變性改名為拉娜與莉莉・華卓斯基（Lana et Lilly Wachowski）。

還提出了一種道德式的立場：人類與機器可以和諧共存，只要他們能夠擺脫資訊的操控。我們在結論中看到的是一種普遍對網路過度開發的控訴，幾乎所有的科幻文學作品都提出這類控訴。

《駭客任務》的架構改編自威廉‧吉布森（William Gibson）的小說《神經喚術士》（*Neuromancien*）[1]。導演保留了小說中兩個對立的世界：真實世界（真實生活），與虛擬世界（母體）。母體（網際空間）是威廉‧吉布森作品中常見的主題。小說中也可看見，電腦無所不在，能夠連接神經系統，讓資訊操控者能將資料與程式顯像。吉布森小說的情節圍繞著一個主要人物開展：凱斯。凱斯是網路駭客，由於隱匿資料遭到驅逐，再也無法進入母體（網際空間），只能與自己的「肉團」活在真實世界中，「肉團」正是給那些無法活在網際空間的低等生物取的綽號，因為他們沒有足夠的智慧能力。

電影採用了小說的架構，描述一個名叫湯馬斯‧安德森的電腦工程師，白天在一家企業的行政部門上班，晚上變換了身分，他是尼歐（Neo），網路駭客。尼歐與一個名叫莫菲斯（Morpheus）的人有聯繫，莫菲斯要求他不要被表象蒙騙，挖掘母體背後的祕密。莫菲斯相信尼歐是先知預示萬

---

1. William Gibson, *Neuromancien*, Paris, J'ai Lu, 1985.

中選一的救世主，能夠征服母體，釋放人類。道路自然是困
難重重，保護母體的特工，尤其是史密斯特工，神通廣大，
無比俐落。在這個無情的世界中，機器人征服了人類，壓榨
人類，將他們貶為牲畜，產生的能量用以供應母體所需。母
體透過對人腦施展作用，讓人誤以為正常過活，事實上，他
們全都被囚禁在一種生物液體中，唯一的目的就是讓他們產
生能量，讓機器可以正常運作。但是有些人還是成功逃離掌
控，醒了過來，與這個機械世界發生武裝對抗。三集電影的
矛盾點就在於這個含混之處：「這部超級電腦會不會只是集
結了所有人類的超級人腦，一種身體自身的鏡像？」再說，
小說的結尾讓讀者發現，母體是有感官能力的。

除了這個內部相當古典的格局之外，我們可以追問一連
串的「哲學」問題：真實是甚麼？虛擬是甚麼？我們是情感的
主人嗎？這世界會不會只是一個資訊程式？這世界會不會只
是幻影？電影整體構築在一些特效上，可說是這三部曲真正
的動力。而且，隨著故事性變弱，特效變得更具主導性。

這三部曲值得一探的地方在於，影片匯聚了一系列關於
真實與虛擬的刻板印象，召喚了某些哲學關鍵的「地方」：柏
拉圖的「地窖寓言」（allégorie de la caverne）和擬像的潛
在力量、笛卡爾的「惡魔」（malin génie）、柏克萊（George

Berkeley）的唯心主義（idéalisme）或後現代危機。導演甚至也建議主要演員閱讀以下三本書，讓他們更能滲入電影的精神：布希亞（Jean Baudrillard）的《擬像和模擬》（*Simulacres et simulations*）、凱文・凱利（Kevin Kelly）的《失控》（*Out of Control*），狄倫・艾文斯（Dylan Evans）和奧斯卡・薩拉特（Oscar Zarate）的《演化心理學》（*Evolutionary Psychology*），最後這本書探討人類大腦的能力。我們就不再多說人物名字有甚麼基督教和希臘神話傳統的指涉（尼歐成為救世主，這個名字 Neo 本身就是英文 One 的錯置排列，莫菲斯這個名字要讓我們脫離麻木的狀態，崔妮蒂〔Trinity〕是三位一體性感化的形象，普西芬妮〔Persephone〕是資訊程式的自動代理，可與片中主角的虛擬分身聯繫）。

　　嚴格說來，這三部電影並沒有明確指涉柏拉圖、笛卡爾或是柏克萊的地方。但是電影呈現的想像卻能讓人充分理解，為何這類型電影中，虛擬身體總是被扭曲為一些誇張、滑稽的姿態。這個想像建立在與唯心主義和非物質主義（immatérialisme）相關的前提，彷彿唯心主義意味著天上的世界優於塵世，彷彿非物質主義就只是這樣單一的意思。事實上，援引這些哲學論述在操作上有其幽微隱匿之處。在莫菲斯與尼歐諮詢神諭的場景中，女預言家特別指出牆上的一句話：「認識你自己」（Connais-toi toi-même）。這句箴

言最初是古希臘七賢的訓示，蘇格拉底後來也曾使用這句話，其他重要的訓示還有「凡事勿過度」（Rien de trop）或「歡愉要克制」（Maîtriser le plaisir）[2]。這並非導演單純的影射而已，這句話可說構成一道主軸線，賦予電影形上學的論調，意即：認識自己是很困難的，尤其當我們不可能釐清我們所處的世界之真實。

電影提出的問題把唯心主義簡化成一種普遍的論調，亦即：人不可能明確地認識這個所處的世界。究竟是真實的世界或是虛擬的世界？事實上，唯心主義並沒有提出這個問題，它詢問的比較是我們感官的思考能力。《駭客任務》一開始的場景中，莫菲斯為了要促使尼歐離開母體，跟他解釋人類不知自己究竟是醒著還是沉睡的問題。整個場景圍繞著一個關於真實二分法的觀點。藍色藥丸，就是留在母體，表象的世界，假象的世界，夢幻的世界：「一切都靜止，你會做著美夢。」服下紅色藥丸就表示可以離開母體，回到真實：「陷入深淵之中。」莫菲斯試圖讓尼歐了解，沒有甚麼能證實我們世界的真實：「如果你不從夢境走出，你要如何辨別真實與夢幻的差別？」這個存在式的探問背後，他提出了《駭客

2.　參見 Stobée, III, 1, 172 ss, Hens, Diels, *Vorsokratiker*, 10, fr.3.

任務》三部曲中「本體論」的問題:「關於與我們相關的這個問題,你尋找一個回答。你知道這個問題:母體是甚麼?」又繼續說:「母體是普世存在的。它就是在你眼前疊置的世界,讓我們看見真實。」為了闡述這個問題,導演安插了一張剖面圖,可以看見尼歐在鏡子多個碎片中的影像。這面多次映照尼歐的鏡子,不斷反覆出現,指涉電影開始的警告:「快跟著那隻白兔走」,這句話明顯影射了路易斯・卡羅*。然而,電影把唯心主義簡化成這個提問:「真實的意義是甚麼?」,無法有效思索真實的複雜性與模稜兩可的特性,只捕捉到一個關於真實與虛擬性非常模糊的思考。電影的問題不是「真實可以認識嗎?」,也不是「要怎麼認識真實?」,而是:「真實是否與虛擬對立?模擬只是擬像嗎?」

這些都表現在人間世界(真實、物質)與理想世界(模擬物、理念)的對抗中。這個對立在網路文化中很快轉變成真實世界(肉的世界)與虛擬世界(流動、瞬間移動的身體)的對抗。暫且不細究唯心派引發的哲學悖論,我們先探討《駭客任務》三部曲如何傳達了這個對立:「我們不正是囚禁在引發

---

* 編註:在其作品《愛麗絲夢遊仙境》,女主角即是跟著兔子跳進兔子洞內,展開奇幻漫遊。

幻象的自我的感覺中嗎？」奇特的是，這個想法讓人聯想到笛卡爾在第一個形上學沉思中提出的惡魔假設，惡魔不斷讓我們看不清真相，誤導我們。但也要提醒，笛卡爾的惡魔最初也只是哲學思考上的假設[3]，讓笛卡爾能以本體論的方式提出懷疑不滅論：我可以懷疑一切，懷疑我，懷疑外在世界，但至少有一件事情我無法懷疑，就是「我懷疑」這件事。這個方法論的懷疑，讓笛卡爾可以提出「我思」（cogito）的想法。其次，他推論出有一個思考的本質（être）。我們因此得出這個哲學過程：我懷疑，我思考，我在，我存在，並且可以精確指出，「我思」打造的不是一個本質，而是本質的認識[4]。

電影不斷地玩弄這類型的綜合拼湊，以異質的、斷章取義的手法，融混了柏拉圖關於擬像的反思，以及笛卡爾關於騙子上帝的假設，詐騙的上帝讓我們無法識別真偽。事實上，懷疑引導我們質疑事物的存在，對笛卡爾來說，這只不過是可以陳述思考的方法，然而在電影中，懷疑卻變成解釋

---

3. 不同於詐騙的上帝是形上學的假設，惡魔是一種方法論上暫時性的假設。

4. 從這個觀點來看，「我思」並不是一個原因的證明 ——「我思，故我在」—— 而是本體論的原則：「我在」的存在原則需要「我思」的本質原則。

真實與虛擬相互對立的方式。所謂的「必須懷疑一切」，到了電影，透過莫菲斯的對話變成：「我們活在一個從頭到尾徹底虛擬的世界。」

　　導演正是從這個虛擬與真實的對立出發，提出一個世界理想的觀念，隱約建立在柏拉圖與笛卡爾的哲學中。即便事實上，柏拉圖的唯心主義只有在現實主義中才會有意義，即理念世界的現實主義，理念本身就是真實，就像笛卡爾的唯心主義，也只能透過將認識化約為思想，通往「我思」，才能有意義。除此之外，《駭客任務》中感官不斷地欺騙我們，而笛卡爾在《形上學沉思》（*Méditations métaphysiques*）中清楚地指出，欺騙我們的並非感官，而是我們使用感官的方式。感官不會欺騙，因為我們的理解並非天生有缺陷；相反地，是我們的意志引導我們斷言這支筆是紅色的。用意志來取代理解，比方說，我斷言這支筆是紅色的，則可能讓我會有誤判之虞。

　　電影中呈現出的這種窄化視野，隱約建立在一個俗套上，我們不免俗地要詢問真實的合理性：我們能說實在（réel）保有真實嗎？笛卡爾在《形上學沉思》中有個關於蠟塊的著名分析，蠟塊看似堅硬，無氣味，無滋味。但是把蠟塊靠近火時，它會變軟，產生味道。蠟的本質究竟為何？笛卡

爾透過這個例子試圖證明，蠟塊並不意味著我們尋找的本質是甚麼，也不在於證明事物的存在。蠟塊只是可以讓我們建立事物再現的條件，而無法讓我們認識某種物質性的東西，甚於認識我們自身的一部分。

　　除了把笛卡爾哲學縮減為永恆的懷疑論，導演們還使用了另一個原則，認為外在事物的存在是透過我們的感知，即便這些感知有誤。柏克萊的哲學於是被派上場[5]。電影中的母體會促使我們的大腦產生幻覺。導演就是運用這個原則提出這樣的看法，人永遠無法知道活在哪一個世界，究竟是銅綠色的真實世界，或是繽紛彩色的虛擬實境世界。

　　三部曲的第一部中，莫菲斯引導尼歐思索真實的本質：「真實是甚麼？你能觸摸、看見、感受的都是真實。但事實上這些都不過是你的腦袋詮釋出的電子信號。」這個說法正符合柏克萊哲學的基本意念。人如果沒有感官，就無法觸及任何思想或知識。但是電影中對柏克萊隱約的指涉也是一種誇張的使用，和前述的使人看不清真相的惡魔都一樣。我們能夠覺察到外界，那是因為我們有感官，我們的感知保障了外在世界的存在，但是這樣的陳述並沒有意義，除非我們補

---

5. 可參考柏克萊的《人類知識原理》，特別是第二十五至七十一節（ *Traité sur les principes de la connaissance humaine*, Paris, Aubier, 1969 ）。

充說，對柏克萊而言，物質世界和精神世界的對立是沒有意義的。事物並不是以自身而存在；只有感知才能保障事物的真實。精神就是具體的真實，就像意念只有當它被感知到才存在。

柏克萊的哲學可用這個原則來概括簡述：實存就是感知和被感知（Esse est percipere et pecipi）。如果外在的真實被否定，如果感知之外沒有東西存在，這並非意味著外在世界不存在，也不是說，無法分辨真實與想像製造出的虛幻，這單純是要說，沒有事物或意念單獨存在。由於真實只能透過我的感官才能認識，能夠辨識真實和想像製造之虛幻的唯一方法，就是要理解，在感官製造的意念中，有些取決於我的意志（這些意念欺騙我），有些則獨立於我的意志之外（這些意念存在，且服從於固定的規則）。

《駭客任務》的導演玩弄了這個含混性。一切都是人腦製造出來的一系列電子信號。但是這要怎麼解釋一個人物在母體中會死掉，如果母體只是使用電子模擬來製造感覺？事實上，當身體在母體中漫遊時，它不應該會死掉。只有心理的印象會消失。為了排除這個模稜兩可的問題，導演使用了一個不真實的假設：「沒有精神，我們無法生活。在母體中死去，等於在實在（réel）中死去。」

　　總而言之，《駭客任務》三部曲中，很少有肉身，很少有性別化身體，很少有血和性，雖然片中有幾次虛擬的接吻和高潮。當然，片中身體打鬥相當頻繁，但這些場景並非肉身性的。這個遭到貶抑的身體似乎只能以這種方式存在，正如莫菲斯在《駭客任務》第一集中對尼歐所說，但對三部曲來說都同樣有道理：「你置身在你殘留的內在影像中。」因此，對於電影中的人物而言，沒有甚麼能夠讓他們可以分辨真實與虛假，實在與虛擬，具體與抽象，真實與非物質，物質與意念……。但是在這些提問的背後，導演還是保留了一些令人不確定的地方。母體會不會只是一個濃縮了所有人腦的超級頭腦所製造出來的想像物？這似乎是《駭客任務》第一集中出現在莫菲斯那番先知式預言的想法：「歡迎來到人工智慧的世界，散佈在所有機器中獨一無二的意識。」但是這個獨一無二的意識或許不是人類的意識，而搗毀母體釋放人類，這樣的做法也像一段預言，預視了失控的科技發展所遭致的危險。這樣的預警似乎也不算新穎。說穿了也只是複製庫柏力克在《二〇〇一太空漫遊》，透過軌道太空站的超級電腦哈兒（Hall）這號人物所示警的。

　　我們可以尋思，《駭客任務》這三部曲有趣之處，或許比較是在提出虛擬世界存在的問題，而非在於提出真實存在的

可能性。探討真實是否存在，等於把真實與虛擬相對立，就又落入常見的刻板窠臼裡面，甚至誤解了虛擬性的意義。相反地，探討虛擬是否存在，這樣才能夠捕捉真實的界線。同樣地，詢問真實的界線，才能夠更加理解為何虛擬是一種真實尚未實現的型態。在這些情況下，母體或許是唯一能夠捕捉真實多重型態的方法，來自個人想像力的多重型態。

然而，不論是電影場景設計或是導演的觀念意圖，在在都顯示，虛擬與真實的對立都只是以二元對立的論調處理。這一切正表現在對感性世界的貶抑，此外更表現在無力正視多重、複雜、多元的身體。把虛擬身體簡化成一些位元，這個做法彷彿成為解決虛擬問題的萬用鑰匙。三部電影的做法依然過於簡化，因為它們都銘刻在一種天真的道德主義中，讓善與惡、真實與虛擬、人類與機器等二元世界持續對立著。

網路文化的想像——新肉體：《錄影帶謀殺案》、《X接觸：來自異世界》

《錄影帶謀殺案》與《X接觸：來自異世界》，是大衛・柯能堡（David Cronenberg）分別在一九八三年和一九九九年製作的兩部電影，各自用自己的方式提出了客觀事實和虛擬

錄像真實扭曲的問題。兩部電影同樣提出虛擬身體和沉浸實境的問題，《錄影帶謀殺案》透過錄影的影像，而《X接觸：來自異世界》則是透過虛擬遊戲角色。不論是哪一種情況，柯能堡探討了身體變化的問題。這個主題在柯能堡的作品中常常出現。染病或是遭到傳染，兩部片中的身體都不斷在變動中。問題在於了解，身體是否能夠維持在一種恆定的狀態，或是身體不斷的演變是否構成它的狀態。

　　虛擬的問題並非《錄影帶謀殺案》主要的提問。我們之所以把兩部影片加以連結，主要在於《錄影帶謀殺案》提出了一個「新肉體」的分析。在《X接觸：來自異世界》中同樣也有「新肉體」的存在，柯能堡嘗試在片中回應人類身體的特性。在這兩種情況中，錄影帶影像作為一種虛擬影像，可說是身體的擴展和延伸，而這拓展和延伸都只是宣告了身體的消失。把身體視為身體這樣的想法已經作廢了。

　　《錄影帶謀殺案》劇情敘述，在專門播放色情暴力影片的電視台擔任經理的麥斯，無意間截收到海外「電視競技場」（Videodrome）的衛星視訊，這個類似兇殺紀實電影（snuff movies，通常是色情片，有真實的謀殺或強暴場景）的節目，立即吸引了麥斯，他亟欲買下節目版權。當他去尋找節目企劃人，才發現這家公司背後不為人知的廣告運作和操

控。隨著他觀看錄製的「電視競技場」影片，他感覺被一種幻覺支配，逐漸蔓延到他全身，改造他的身體。他的身體受到這些節目製作人的操縱，漸漸變成了「電視競技場」的工具。

《X接觸：來自異世界》呈現的問題也大同小異，只是換了載體，從錄影帶變成了數位創造。電影的架構也相當單純。愛麗拉・蓋勒是遊戲設計者，電玩界女王，她發明了一個名為「X接觸」的新遊戲。電影一開始，遊戲已經開始，在一場公開展示會上，一名擁護真實世界的人拿槍攻擊她，那把槍是用骨頭做的，而射出來的子彈都是人類牙齒。她與一位年輕的行銷員泰德・皮庫逃了出來。他們一起潛入另一個世界，裡面都是一些禁忌的遊戲產品，與涉及新興宗教和生物變種的科技。但是整部片看下來，我們經常無法知道究竟身處真實還是虛擬遊戲中。事實上，電影一開始我們就已經進入遊戲中，電影最後，其中一位玩家就要遭到武器射殺時，他還在詢問：「請告訴我真相。現在還是在遊戲中嗎？」

克里斯多夫・普利斯特（Christopher Priest）曾經以《X接觸：來自異世界》（eXistenZ）為基礎撰寫了一本書6，書中的「X接觸」甚至變成一個商標。書的一開始對這部電影的描寫，饒富興味：

6.　Christopher Priest, *eXistenZ*, Paris, Denoël, 1999.

> eXistenZtm：相當有企圖心的遊戲新系統，下載到
> 人體之後，可以直接進入神經系統，讓玩家可以在
> 虛擬實境中展開不可思議的旅程，也可短暫回歸真
> 實——難以描述的體驗。遊戲每次都不一樣，可為
> 每個玩家量身打造。因此，必須親身體驗才能了解
> 為何要玩這個遊戲[7]。

　　柯能堡在這部影片中創造了「後設肉體」（métachair）
的概念，也就是一種組成遊戲單位的人造肉體。這個後設肉
體就是一個遊戲模組，長得像一顆活的腎臟，只要壓一下那
顆像乳頭的按鈕就可以操作，引發一系列如母體般的收縮。
「X接觸」的遊戲單位，大致符合一種兩棲卵生、布滿了合成
DNA的動物。同樣還存在一些「活體接口」（bioports），某
種由後設肉體組成的小型永久性插孔，置放在身體的上方，
小接口裡面有纜線臍帶相連。遊戲所需的能量來自人體代謝
的正常運作。

　　《錄影帶謀殺案》主要探討視覺以及相關的視覺手法。

7.　同前註，p. 7-9.

電視、錄影帶、眼鏡、頭戴式顯示器，電影強調科技裝置引發的幻覺。柯能堡透過這些科技裝置，建造了關於他對於視覺想像力的思考：視覺如何能夠改造身體？視覺不僅僅是身體的延伸，在影片裡，視覺還變成身體的表達方式。導演透過這個主題提出了再現的問題，同樣也可運用於《X接觸：來自異世界》。在《錄影帶謀殺案》中，錄影帶影像表現了身體；在《X接觸：來自異世界》中，虛擬世界賦予身體意義。但是在這兩種情況，身體都需要一個技巧才能以身體的方式存在，因為身體只是一個沒有靈魂的載體。再現的問題也有助於探問身體的轉變，即了解身體的再現如何打造和製造身體。

　　柯能堡在《錄影帶謀殺案》中多次運用眼睛、視覺和視覺理論相關的指涉。片中經常提及電視、錄像節目、眼鏡、頭戴式顯示器、視覺操作，以及與視覺相關的繪畫指涉[8]。主要的意念在於，展現這些構思用來延伸人體的科技手法會形塑我們的身體。事實上，並非身體在蛻變，而是身體質變，

---

8. 當 Spectacular Optical 公司推出新的系列時，Barry Convex 介紹新產品，背景用的是米開朗基羅的《亞當的誕生》。畫的周圍有羅倫佐·德·麥第奇（Lorenzo de Médicis）的兩句名言：「愛情由眼睛闖入」和「眼睛是靈魂之窗」。從人物的名字到背景的設置，都可看出電影提出了眼睛威力的問題。

變成由科技工具擴張的身體。這樣的質變，就導演而言，對身體是正面的。電影呈現的是一個雜混的身體，而不只是一個被傳染的身體。雜混的身體，就第一個意思來說，因為身體融混了異質物（《變蠅人》中的蒼蠅DNA，《錄影帶謀殺案》中的錄像，《X接觸：來自異世界》中的虛擬實境）。身體成為傳播新科技的傳聲筒（錄影帶、電視、虛擬影像、廣播波頻……）。在原本單純作為載體的人體之中，植入了許多高科技的工具。這個身體印證了柏克萊的主要論述，也就是：在人類感知的真實之外沒有真實。《駭客任務》也建立在這個原則之上，《錄影帶謀殺案》也是以此為主軸。片中的一個關鍵人物布萊恩教授正印證了這些想法。他所有的出場，幾乎都呼應了柯能堡對人類身體及其演變的想法：「我們人腦的演變關鍵將會發生在錄影帶這個競技場中……電視螢幕變成心靈眼睛的視網膜。因此，電視螢幕屬於人腦的物理結構……電視即真實，真實不強於電視。」同樣地，當麥斯看著自己身體逐漸產生變化，布萊恩教授對他表示，他的真實「已經是錄影帶投射出的半幻想」。「電視競技場」製造了人腦的贅疣物，麥斯看著自己的身體變成錄影帶播放器或變成槍枝。麥斯的手變成手槍，同樣的，他的腹部出現了一道像陰道的隙縫，可安插「電視競技場」的錄影帶。麥斯不再是身體，也不再是主體，而是變成「錄影帶」這個詞的身體，就像

布萊恩教授的女兒所說的。

　　肉體變成錄影帶，還是錄影帶變成肉體？我們實在無法釐清導演的意圖為何。麥斯最後自殺，這場自殺宣告了另一個身體的誕生。麥斯經常講出一句具有政治含意的話語：「在『電視競技場』中死亡，新肉體萬歲！」但無論如何，這些都無法針對身體的新狀態提出最終的回應。柯能堡是否撻伐電視視覺的操弄，同時也撻伐「電視競技場」不正當使用錄像？還是導演撻伐的是身體遲遲未能改造，延伸成為科技的載體？從這個角度來看，麥斯的自殺並沒有帶來任何精確的回應。麥斯重新肉身化蛻變成新肉體，是否宣告了科技肉體的好處？還是預告了身體不可逆轉的期限？這個新肉體或許不單單只是變成錄影帶的身體，一個科技身體，儘管布萊恩教授的女兒，這位真正的操控人，曾說世界就像一座龐大的「調音台」。這個新的肉體，或許也闡釋出身體以身體存在的不可能。

　　《錄影帶謀殺案》的問題，不在於探討麥斯這號人物是否從電影一開始就活在幻覺中，也不是要強烈批評媒體掌控大眾的方式，儘管柯能堡安排布萊恩教授的女兒送給她的教區居民每天幾小時的電視可看，讓他們與這座「世界的調音台」保持聯繫。導演真正關注的身體，只是一種科技產品製造器

的身體,《錄影帶謀殺案》中的錄影帶影像製造器,或是《X
接觸:來自異世界》中的虛擬世界製造器。因此這個科技產
品製造器就是新肉體。於是我們就像置身在永恆轉世重生的
世界中,在錄影帶中重生,只不過是在虛擬中的一個沉浸階
段,而這正符合「虛擬」一詞普遍的定義,也就是逃離現實的
方法。

無身體的賽博格身體:從《魔鬼終結者》到《虛擬偶像》[9]

　　電影中還有另一種虛擬身體的呈現:賽博格身體。如果
只考量最有知名度的電影,那麼就像是《銀翼殺手》、《魔鬼
終結者》,還可參考《機器戰警》或《鑽石宮》。賽博格身體值
得探討之處,並非在於它具有的形式,而是它所傳達的身體
意象。一般而言,賽博格身體具有機器人身體的優點。它比
身體還要好,因為賽博格身體幾乎不會腐敗,而且也優於機
器人,因為它具有意識。這個人體完美的形象,在人形機器

---

9. 我們暫時不參考美國哲學家唐娜‧哈洛威(Donna Haraway)的專書《人
　　機合體宣言》(*Cyborg Manifesto*),書中提到賽博格並非一種大男人主
　　義的回應,而是體現差異,擺脫男性主宰的方式。哈洛威的方法比較是
　　一種激進派女性主義的政治表達。

人身上呈現出不同的面貌。在此我們並不是要提及賽博格創造物的不同形式之沿革，而是要談《魔鬼終結者》三部曲，這三部曲濃縮了賽博格身體可能的變化。

　　不論是《魔鬼終結者1》的一般賽博格，《魔鬼終結者2》中的原生質，或是第三集中的純能量，仿生身體隨著科技的發展擁有不同的特質。由阿諾史瓦辛格主演的三部曲，展演出各種狀態的仿生身體，概述了網路文化對人體的未來主義視野。《魔鬼終結者》的人物綜合了機器人法則與賽博世界法則，僅停留在身體工具性的視野。這樣的概念早已司空見慣，但片中賽博有機體創造物的不同組態，依舊呈現出我們對身體最有代表性的看法。在第一集中，賽博格是T101，一種肉身與尖端機械的組合，具有人工智慧。但是它有一個缺陷。它會耗損，身體會解體，而且不能改變外觀。《魔鬼終結者》第二集中的T1000變得更堅固，它是由原生質組成，是一種賽博創造物，可以變換成各種面貌。但它也有缺點，因為它必須移動和行動才能擁有外形。相反的，TX是人型機器人精華所在。它的結構由骨骼的純能量組成，不僅能變換成它想要的形體，也能夠擺脫肉身的重量。TX把肉體變成純能量，而且就像純能量一樣，不受限於種種施壓於身體的時空限制。它的身體就是所有可能的身體，雖然因為電影的需求，它是由女性身體來象徵。此外，這個純能量擁有智

慧，讓它可以製造高科技武器。

最後一集跨出一大步，導向身體完全的消失。重要的不是電影敘述的故事，也不是大量的特效，而是電影改變我們對身體認知的方式。身體就像純能量，甚至不需要被呈現。身體變成一個外層，可以隨著情境擁有不同形體。它可以說是一種純精神，由於電影的需要，它顯現在隨機的形體中，並不回應任何的需求。TX是一種超生物，無所不能，無所不在，然而還是有弱點，因為後來它就遭到人類透過相對古老的網路（T101）征服。

不論其科技發展的程度，這個賽博格的呈現與所謂的身體全然無關。它就像是好萊塢電影所展現出的形象，只呈現出身體並非如此、也絕非如此極端又誇張的樣貌。賽博身體的作用就像是「彷彿」（comme si）。彷彿身體就是純能量或是仿生組合。我們將這一切視為彷彿存在，彷彿我們不知道這類型的創造物只是對真實的問題提出了幻想式的回應。而這些都已經變成身體的匱乏了。

此外，好萊塢電影也延續了這種身體幻想的觀點，不僅將這樣的觀點帶入賽博創造物，也開始在一般身體和使用上進行打造。這種「彷彿」的模擬手法也帶來了矛盾，最後甚至使取代真實身體變得可能了，就像安德魯・尼科爾的電影

《虛擬偶像》。有了虛擬偶像席夢，甚至也不需要有能量的身體了；身體變成了資訊身體，由1和0組成的身體，一種更加具有回收效益的程式身體，而且不只是因為這樣的身體不耗費能量，更在於它取代了所有的身體。在《虛擬偶像》中，身體變成……「一個明星誕生，而不是被創造出」。

席夢擁有資訊程式所能提供的一切優點。她可以執行所有的指令，她的詮釋也淋漓盡致，完全到位。她不會有情緒，但依然可以帶有情感的演出戲劇。電影的架構相當簡單。一位天才資訊師把他的發明，某個可創造出虛擬演員的程式遺留給導演維特‧崔倫斯基。這位導演的女主角棄他而去，影片製作陷入困境。這個程式「類比一號」（Simulation One）讓崔倫斯基可以順利完成電影，不再需要尋找那些不符合他期待的真實女演員。他的電影發行，隨即獲得廣大迴響，致使他必須為這個虛擬演員編織一連串的故事。電影最後一個場景可以看見崔倫斯基和席夢，手中抱著一個小孩，宣告結束電影事業，轉戰政治圈。

這部電影提出的問題，並非在於釐清虛擬演員這個概念是否來自科幻虛構，而是要了解究竟是甚麼因素讓我們把人造身體變成真實身體。除了故事情節，導演尼科爾重新探討藝術與自然的關係，也反映出身體當代的觀點。藝術模仿生命，或是生命模仿藝術，這些都不是重點。相反的，身體只

會是自身的衡量，了解這當中的原因，似乎才是電影的關鍵所在。尼科爾正好提出了身體呈現出的衡量問題。呈現出來的虛擬身體正好讓我們看見真實身體的衡量為何，而這個虛擬身體並非虛擬的，因為這位虛擬演員席夢是由一位真實的女星瑞秋・羅勃茲演出，技術受限的問題只是其次。弔詭的是，電影的難題反而在於尋找一位融合了人體刻板印象的女演員，一個能夠成為虛擬身體應該有的完美衡量的真實身體。這裡涉及的是身體的「應該是」（le devoir être），這個「應該是」正概述了身體所有的潛能。虛擬身體從未被視為一種特殊的形式，而是尚未現實化的真實身體。它被視為一種獨一無二、最終、完美的身體，一種身體刻板印象的加總，這個加總可從每個時代，因應社會要求所進行的整形手術中看出：某一類的嘴唇、鼻形、酒窩、下巴、額頭……，這樣的打造是為了達到一個標準的身體，不論這個身體是真實的或是虛擬的，皆逃不出這樣的窠臼。

因此，男演員或女演員的內在已經空無一物了，大家想放入甚麼，他或她就是甚麼，而且大家都會放入千篇一律的東西。不論是虛擬或真實，身體都被視為一種符合理想的組成，而非無形的聚合物。這種無靈魂無身體的組合，透過席夢，揭露我們只能以刻板印象或窠臼模式看待身體。我們

也可以在電影中讀出對大眾媒體塑造身體的作為所進行的撻伐，大眾媒體總是將身體製造成一種符合社會標準的造物，迅速被奉為主流，但隨即又將它遺忘。比起親友，崔倫斯基因而與他的虛擬創造物有更密切的關係，甚至到了後來，他竟然淪為自己創造物的傀儡。隨著席夢在觀眾的眼裡變得愈來愈重要，這個處境愈加明顯，最後他還必須刻意破壞自己的創造物。只是他愈是讓席夢變得面目可憎[10]，反倒讓她的形象更為鮮明。席夢變成一個物件，在這道關係中她不再是以主體的姿態存在。她與崔倫斯基的相遇，這道關係中甚至不再有身體，也不再有真實身體與虛擬身體的差異。這道關係顯示，已經不再可能給創造者或創造物分派一個明確的功能。在《虛擬偶像》這部影片，藝術—自然的關係，或是創造物—創造者關係的傳統模式，已經不再是要探討的問題了，真正要探討的是：如何顛覆，怎樣倒置。這部影片詢問的是完美創造物是否存在？創造物是否會凌駕創造者？個人是否是自身幻想的傀儡（崔倫斯基變成席夢的另一半，電影最後還讓我們看到他們有了一個虛擬小孩）？

---

10. 崔倫斯基故意讓席夢拍一些電影，破壞她完美女性的形象，比方說在一部片子裡，他安排席夢在豬圈，身上全是污穢物，在飼料槽裡吃喝。同樣地，也安排席夢在訪談中大談酗酒、吸毒的好處，甚至也講出一些種族歧視的言論。

　　我們甚至也無法說，這個傳遞出慾望的喪失、人與人之間無法溝通，或是呈現刻板關係的身體觀點，都是屬於安德魯・尼科爾的主題。這些似乎變成這類型電影的主軸，雖然還存在其他對虛擬身體的解讀，例如《夢境實錄》（*Final Fantasy*）。這個觀點相當根深蒂固，在一些喜鬧劇中也可看見。法國導演瓦蕾莉・吉聶波黛（Valérie Guignabodet）的喜劇電影《莫妮卡》（*Monique*）就是一個最佳例子。矛盾之處就在於，《莫妮卡》中的虛擬身體具有真實的形態：這是一個矽膠娃娃。這個身體是虛擬，並非它不真實；它是虛擬，因為它是未來真實潛在的形體。同樣的處境，同樣的刻板社會生活，同樣的伴侶關係消失，但是和《虛擬偶像》不同，《虛擬偶像》中的虛擬身體只是幻象，《莫妮卡》完全與幻象無關。這部片子強而有力地展現出，一具矽膠身體依然比人類還要人性！

　　《莫妮卡》敘述一個矽膠娃娃打亂了一對夫婦生活的故事。艾力克斯是廣告攝影師，與克萊爾結婚，婚後過著一成不變的生活。夫妻兩人各自都在尋找理想的典型：艾力克斯在莫妮卡身上找到了這樣的完美形象，而克萊爾離開丈夫，遇見了她的完美男人保羅。理想的身材，完美的配合度，可提供性幻想，永遠不會生氣。莫妮卡就像克萊爾說的，「只

做愛，不會阻礙」，而且莫妮卡不會說話，夫婦倆的共同友人加布里耶就說：「她不參與對話，但是在我所認識的伴侶中這反而不是缺點。」

莫妮卡完美無瑕，克萊爾的友人索菲，一點也不覺得唐突地跟她說：「你看，莫妮卡，我們下了這麼多苦功，結果回報又是如何！」艾力克斯也是因為莫妮卡才變得愛說話，「是的，我知道我話不多，但是要講的事情不外乎那些，實在沒有必要再講了。一切都是千篇一律，乏善可陳。」莫妮卡也對艾力克斯周遭的朋友產生了影響。她變成了每個人關係問題的催化劑：克萊爾最後買了一個矽膠陽具，不知如何解決問題；馬克這位職業撩妹高手，最後瘋狂愛上莫妮卡；傑夫，索菲的丈夫，最後崩潰，在艾力克斯和莫妮卡面前，吐露他們夫婦間遭遇的問題；加布里耶是一個堅持不婚的單身女郎，她居然向艾力克斯提議與莫妮卡搞「三人行」，但是面對艾力克斯的拒絕，她最後也放棄念頭：「大家都成雙成對了，就連莫妮卡也是。」

瓦蕾莉・吉聶波黛的電影就像一部生活百科法典，教人如何慰留丈夫的心，這部法典包羅萬象，從減重食譜到性愛祕訣都有。雖然電影拍得像短片，裡面充斥著女性雜誌的對話，但是我們依然可以研究片中的身體地位。在故事情節之外，電影提出不少的問題。完美男人是甚麼？完美的

女人？男性的理想典型？女性理想典型？更值得注意的或許是，將一個女性與矽膠娃娃比較。莫妮卡是否是男人眼中女性特質的衡量標準呢？她也揭示出夫妻如何建立在互補的幻想中：一邊是艾力克斯的性幻想，另一邊是克萊爾對理想男性的幻想，兩者的關係是互補而非對立。這些幻想也都被納入場景。電影中，莫妮卡儼然是一個真正的人物，她有社交生活，同樣地，理想男人的形象落實在克萊爾的情夫保羅身上。他是理想的典型，可以幫忙一切事物，他做事用心，懂得事先安排。但是電影的結尾卻有些無可挽回。克萊爾離開保羅，同樣的，艾力克斯在電影末了離開所有人，他離開了莫妮卡，最後一個場景是他的妻子克萊爾打扮得和莫妮卡一模一樣。

在此，我們並非試圖詳細列出虛擬身體在電影中的全貌，我們想說的是電影論及身體，使用的幾乎都是千篇一律的刻板印象。彷彿是說，思考身體必須要參照一個先前存在的範本（a priori），也就是，身體是一個原始的物質，難以約束，會隨情況、慾望、幻想或是每天的品味而形塑自身。機器人化的機械，或是資訊化的永恆不滅之軀，身體似乎只能擺盪在這兩種解決方法之間。

然而，身體畢竟不是麥卡諾組合模型，能夠隨時調動自

身，也不是一種套裝的組裝物，隨當下心情而交互替換。事實上，身體的特徵就在於它的唯一性與特殊性。

Part 3

數位藝術重現的身體

虛擬真實

1

身體的演變：史泰拉克和奧蘭

　　電子藝術（從科技藝術到數位藝術）中對於身體的反思又是如何呢？藝術史學家法蘭克・波普（Frank Popper）在其著作《電子時代的藝術》[1]中，提出以下關於電子藝術的分類詞彙。他區分了四個重要時期：工業藝術、雷射全像藝術、錄像藝術和電腦藝術。在此我們僅探討電腦藝術，因為電腦藝術透過虛擬影像的部署[2]與裝置，提供虛擬身體重要的一

---

1. Frank Popper, *L'Art à l'âge électronique*, Paris, Hazan, 1993.

2. 部署（dispositif）概念的使用必須再更精確陳述。我們必須區分無意圖部署和回應真正問題意識的部署。關於哲學部署的介紹，可參考德勒茲的〈甚麼是部署？〉，收錄在《哲學家傅柯》（一九八八年六月九一十一日國際會議，巴黎，Seuil 出版社，一九八九年，頁一八五一

席之地。我們也必須先說明，在這類型的分析中要找到例子
並不容易。電腦藝術中的裝置，不論是網路藝術或是數位藝
術，並不廣為人知，也很難介紹。除了這些問題之外，必須
考量到這些裝置並非容易查詢的原始資料，很少有展覽的目
錄會詳列出來。因此，與其枯燥地列舉創作，我們只援引最
著名、也最易於展現的作品。

　　此外，透過這些藝術裝置，我們主要是為了探討這些作
品在身體方面提出的美學與認識論問題。的確，電腦藝術透
過它的重要性，提出了主要的建議，我們在此將一一瀏覽，
並聚焦藝術家與藝術品和觀眾之間的位置。（這是否是一種
與其他藝術別無二致的藝術？藝術家在創作過程中的位置為
何？是否真的有創作過程呢？作品與藝術家的關係為何？）
然而，電腦藝術探討身體的方式也並非毫無疑慮。是否可以
將身體簡化成一個單純的組合演算過程，從而失去自身的獨
特性？身體是否可以轉變為科技設備裝置的一個載體？

一九五。）部署指多重變化線條的銜接，這些線條一旦整理之後，可以
做成圖，包含可見性的曲線、陳述曲線和力量曲線。

電腦藝術的藝術問題

　　法蘭克・波普認為電腦藝術誕生於一九五二年的美國，拉普斯基（Ben P. Laposky）使用計算器與示波器創作出〈電子抽象〉（*Electronic Abstractions*）。電腦藝術的特徵在於有系統地使用資訊裝置。接下來衍生出許多影像數位分析的裝置，例如湯姆・德威特（Tom de Witt）的裝置。他發明的技術稱之為Pantomation系統，可以記錄定點的位置，產生3D影像，隨著人的姿勢與運動而改變。這個創作主要透過複雜的演算以及資料庫而來。這便是所謂的「數據主義」（dataïsme）：作品變成一道資訊演算法，與資料庫（數據）息息相關。這個技術可以發展出即時的虛擬裝置，例如埃德蒙・庫紹（Edmond Couchot）的〈羽毛〉（*La Plume*）³或是傑佛瑞・蕭（Jeffrey Shaw）一九九〇年的作品〈清晰的城

---

3. 埃德蒙・庫紹的〈羽毛〉為完成於一九八八年到一九九〇年間的裝置，與 Sogitec 公司的飛行模擬器專家共同合作。這是一個 3D 影像，會隨著觀眾的氣息同步變化。埃德蒙・庫紹在一九九〇年與米歇爾・布雷（Michel Bret）和瑪莉－海倫・塔穆（Marie-Hélène Tramus）共同完成了一個類似的裝置〈迎風播種〉（*Je sème à tout vent*）。裝置呈現微風吹拂的蒲公英。當觀眾吹氣時，種子就會掙脫，然後又出現一株新的小洋傘。事實上，這是相同的構思，用不同的方式變換。問題在於了解這種創造上的重複性，是否能夠歸入某些作家繪製重複的系列畫作這樣相同的邏輯中。

市〉(*The Legible city*)，一種半真實半虛擬的自行車漫遊，讓觀眾可以在公寓裡踩著自行車，漫遊在曼哈頓或阿姆斯特丹的市中心，徜徉在字母、文字與句子沿街林立的道路上（資訊裝置建立在可以將自行車與資料庫和模擬程式結合的系統上[4]）。

除了創新的部署或裝置，電腦藝術隱含的問題還在於藝術家、資訊系統、觀眾與作品之間的關係。

因數位科技之故，影像可拆解為組成之極限，也就是像素。然而，至少理論上來說，這樣的拆解讓影像變得經久不變，可無限複製，可無差異傳輸，也就是全然穩定、固定，完全吻合，甚至超出傳統影像，包括相片、電影、電視、繪畫等的屬性，這個拆解同時也賦予影像一種數字與語言上的流動性，可以回應觀眾任何的要求，甚至最意想不到的要求，影像變得不固定、流動、可動、多變、可穿透。生命於是只懸於一個氣息之間。這口氣息將影像表面碎裂的區塊吹散，但也是在這口氣息中，影

---

4. 一九六〇年代，莫頓・海立格（Morton Heilig）設計了 Sensorama，為可以模擬自行車漫遊的裝置。

像汲取了在他處重生的力量，最終可以不僅僅是影像。[5]

　　埃德蒙‧庫紹的這段話不只可運用於電子部署或裝置中。在這個觀點背後，還有許多關於創作行為模稜兩可之處：工具就可創造藝術品嗎？如果將偶發性提升為規則，這樣還會有藝術創作嗎？這會不會只是科技過程而已？演算法可以取代或彌補藝術家的創作行為嗎？

　　數位影像的結構是組合式的，藝術影像的結構則非如此。一個從數據組合衍生而出的影像算不上藝術，因為藝術的思想永遠會在思想陳述的銜接中產生斷裂：由於缺乏這樣的斷裂，影像只是屬於圖庫，而非藝術。[6]

　　問題的確就在這裡，因為這些裝置或部署創造出的只能侷限在資訊程式的演算之中。這樣的束縛之下，創作行為主

---

5. 這段文字是埃德蒙‧庫紹的話，引自 Frank Popper, *L'Art à l'âge électronique*, p. 114。

6. Marc Le Bot, « Les machins », *Traverses*, no. 44, septembre 1988, Paris, CCI, p. 60.

要建立在電腦的互動性,而非藝術家的活動。

　　一般而言,藝術家先構思再付諸行動。對於某些裝置來說,行動反而取代了構思。在這種情況下,就不成藝術,而是變成了圖庫,即使圖庫過去具有藝術性。在此我們無意論辯,創作行為是否有甚麼規則或是衡量準則。我們比較認同馬勒侯(André Malraux)和德勒茲開啟的藝術觀點,也就是藝術作品是一種抵抗行動,能摒除死亡的限制。問題不在於說,藝術家發現新載體,所以有了革新、創新、藝術創作。而是要說,藝術家因為有意圖和創作潛力而產生了創作。

　　此外,似乎這些部署製造出的互動性,而這也是最危險的所在,取代了創作行為,某些部署起先只是資訊或溝通的程序[7]。藝術與溝通並不相關,藝術甚至與所有的溝通步驟背道而馳,只要回顧歷史上極權政治使用藝術做為宣傳工具的手法就可領略其中道理。通常,這樣的做法只會導向藝術的災難,就像政治災難:

　　　　作品的溝通並非意味作品因為閱讀而傳達給讀者。
　　　　作品本身就是溝通,是閱讀需求與書寫需求之間私

---

7. 我們的假設是所有的資訊系統都是由口號控制的系統。參見 Les travaux de M. Foucault ou de G. Deleuze et F. Guattari, « Plateau no. 4. Postulats de la linguistique », in *Mille Plateaux*, op. cit.

密的對抗。……閱讀，並非獲得作品的溝通，而是
要讓作品本身溝通……作品乃狂暴的自由，透過
狂暴的自由，作品得以傳達，透過狂暴的自由，本
源，即本源空無未定的深度，藉由作品得以傳達，
以便形成完整的決定，即起始的堅定。[8]

　　藝術作品既非溝通工具，也非資訊的傳聲筒，藝術品
真正的力量，在於它是在一段抗爭時刻的生命潛在。在這些
條件之下，藝術行為並不能被簡化成形式上的透明或是溝通
上的共識，試圖解釋作品是甚麼。藝術作品只透過**知覺**來解
釋。知覺並非觀看之道，知覺乃一個人的感受中獨立感官的
集合，一種「感官團塊」，使藝術品變成一種基本的獨一性[9]。

---

8. Maurice Blanchot, *L'Espace littéraire*, Paris, Gallimard, « Folio », 1988, p. 263 et p. 271.

9. 知覺屬於藝術層面，概念屬於哲學領域，而情感則與變動有關，這個變動超出情感的變動層面，例如普魯斯特的嫉妒。在這三種情況中，藝術家、哲學家或作家觸動讀者或觀眾內心某種深奧的東西，讓他們感受到的確有一個真正的運作、風格、生命潛在，不需要動用任何藝術的界定來確說這是藝術品或這不是藝術品。關於知覺、概念與情感的問題，可參考德勒茲與瓜塔里的專書《什麼是哲學？》（*Qu'est-ce que la philosophie ?*, Paris, Éditions de Minuit, 1991, chap. VII.）。

就電子藝術來說，並非要撻伐科技互動：科技互動當然
也可以進入創作過程中。而是要體認，把藝術創作簡化成互
動性的過程，質疑了創作的過程[10]。

媒體和新科技的溝通意識形態可能會帶來甚麼效益
呢？如果說藝術思考指的是畫家、音樂家和詩人所
述的意義與時間上的中斷，那麼藝術從不向任何人
溝通。藝術究竟會跟數位影像有何特殊的關聯呢？
數位影像的製作結構上來說都是組合式的，因此只
會製造出圖庫，且必然引發意識形態的混淆，試圖
將文化與溝通視為同等物。[11]

美學自身便已足夠，並不需要透過溝通的程序才能證明

---

10. 這就是溝通美學的例子，依藝術家佛萊德‧佛瑞斯特（Fred Forest）來
看，這是一種新的美學形式。就他而言，這不只是一種藝術潮流：這是
感知世界的另一種方法。我們只須注意到，在《哲學批評辭典》中，美
學特別被定義為一種「概念上的部署，建立在感性和隨之而來的批判
力」。以佛萊德‧佛瑞斯特的認定，溝通美學可說就是其他的東西，
一種來自溝通感性力的「某物」。可以閱讀他在網頁上的說明：www.
webnetmuseum.org，特別參考溝通美學的那一部分，就可以發現這門新
「學科」概念上的模糊不清。

11. Marc Le Bot, « Les machins », *art. cit.*, p. 62.

自身[12]。

除了溝通程序的問題和科技成果作為創造行為的衡量之外，還必須加上身體的問題。既然大部分的裝置總是把身體簡化為缺乏真實經驗的某物，身體實際上發生甚麼事情？變成一個強大演算下的身體，組合的原則凌駕其他原則。已經沒有身體，也沒有經驗了，只剩下一種拋棄，致使所有與身體相關的一切都消失殆盡，也就是行動的強大力量。所謂的身體只是演算下所能看見的結果。

這類型的藝術實踐，已經有一些電腦藝術工作者加以「理論化」，例如傑佛瑞・蕭（Jeffrey Shaw）。

> 就傳統來說，藝術活動在於再現真實，透過物質的操作，創造出可觸及我們存在與慾望的鏡子。如今，有了新的數位科技裝置機制，藝術品甚至可以成為真實的模擬，一種非物質性的「賽博空間」，我們可以就字面上來說「進入」這個空間……在這個

---

12. 想要辨識文化與溝通，這道企圖正屬於實證主義的想像，把哲學活動簡化成製造普遍性：沉思的普遍性，即想法；思考的普遍性，彷彿藝術需要哲學才能思考自身；以及溝通的普遍性，也就是集體共識的迷思。關於這個問題，可參考德勒茲與瓜塔里的專書《什麼是哲學？》（*Qu'est-ce que la philosophie ?, op.cit.*, chap. 1.）。

時間維度中，互動式藝術品每次都是透過觀眾的活動重新結構、重新創造。互動式藝術品是一種由影像、聲音、文本等組成的虛擬空間，隨著操作者的操縱（全部或局部）顯現。

蕭氏又補充道：「慾望的遠距遙控不受時空的束縛。藝術始終與客觀真實的功能並肩作戰或彼此制衡。[13]」令人驚訝的是，蕭氏援引繪畫為參照的基礎，例如馬格利特（René Magritte）的變化系列「這不是一支菸斗」，並且談到物質主義，物質主義「讓我們經驗中非物質的真理顯形」。

除了誤解了馬格利特，這位比利時畫家在畫作中提出了語言固執濫用的問題，大家總是將字詞強加於物品之上，而非實際體會真實的重量[14]。藝術創作的問題也不能被縮減為模擬和組合式場景調度的過程，過程唯一的連結都由演算法來證明。事實上，對於這類型的藝術家，一切都與無所不在的互動性過程有關，該過程本身就概括了藝術創作。不再有所謂的藝術品，只剩下舞台場景設計，場景唯一的效果就是互

13. Jeffrey Shaw, « Scénographie de l'interactivité », *Revue d'esthétique*, no. 25, « Les technimages », 1994, p. 105-106.

14. 關於這個問題，可參考本人撰寫的《會話的藝術》（*L'Art de la conversation*, Paris, PUF, 1999）。

動，而互動通常傳遞了主體、作者或內容的消失。

科技藝術，從「網路藝術身體」到「肉身藝術」，把身體的閱讀窄化成一個部署，身體變成只是器官的劃分。通常，這些裝置把身體視為一種由科技方式來運作的物質。在這個名義下，表演本身變成美學的經驗。打開身體，直抵肉身，這樣就能闡明肉身嗎？支解、穿孔、撕碎身體，把身體轉換成最激進的「行動主義」（藝術用語，將身體作為抵抗的方式），這不正是做了一種廉價的抵抗嗎？

藝術不能簡化為載體的問題。重點在於探討是否真的有內容要表達。事實上，身體都被工具化了，貶抑為功能性。此外，並非科技方式的運用遭到質疑。真正該質疑的是科技裝置變成了身體的衡量，作品的衡量。在這些模擬物的背後，藝術行動的目的不再是創作的意圖，而是想要完成一場真正的表演。當表演變成身體的標度，看見身體轉變為隨著最新科技發展塑造而成的物件也不足為奇：成為第一個使用網路製造某物的人，第一個拍攝了某一場手術畫面的人，第一個能夠宣稱首次創舉的人……

電腦藝術的認識論問題

我們從以下的假設出發，也就是透過電腦藝術的裝置：

－任務與人工製品彼此交織在一起，任務不斷改變人工製品，人工製品本身也只能因為回應了一個任務而存在；

－資訊過程試圖取代藝術活動；

－電腦藝術裝置通常由建模掌控，建模又取決於人工生命或人工智慧（通常有點幼稚）的隱喻轉譯。

除了這些問題，主要的論點在於界定電腦藝術裝置是否只是以隱喻的方式，複製古代的哲學家、科學家或藝術家的概念、知覺或情感。這些隱喻的表達，以人工生命或人工智慧為最後的形式。無論如何，不論是否為人工生命，真正要提問的是創作行為來源這個永恆的問題。在此出現了電腦藝術的雙重束縛：一方面電腦藝術必須透過演算，跨越作者在場的問題，才能清楚被界定為電子裝置，與此同時，電腦藝術只是複製了一種概念化的模型，不論此模型多麼複雜，都早已存在，因為裝置複雜的演算只不過是一個已存模型的複製而已。由機器衍生的過程，其實只是一個對於先前建造的模型空洞的複製。

　　事實上，電腦藝術的產物有趣之處在於它所提出的問題，而非它所提供的回答。這些電腦藝術的作品可以用來探討傳統創作的侷限性；會有侷限性是因為藝術家個人的身影必須在場，同時也有著豐富性，因為藝術家自身的形象就是複雜的。

　　在電腦藝術中，觀眾成為創作的參與者；他面對的是一個扮演作者角色的資訊程式。為了闡明電腦藝術建模的獨特性，我們必須立即清楚說明，電腦藝術的創新性在於它提出了作者地位這個問題。資訊程式的作者是否就是程式產物的作者？這是文字、聲音、影像生成器都會提問的問題。文字生成器就是能夠根據複雜建模無限產生文字的程式。這些文字在句法和語意上都具有一致性。在這些條件下，演算法學（用於計算的所有運作規則，其衍生行動的連結有助於任務的完成）取代了作者。生成器正可以透過資訊程式製造資料，這些資料並未包含在預錄的程式中。總之，電腦藝術裝置真正的革命在於自動演算過程，更在於把藝術家擱置在次要的位置，同時也讓身體的生命經歷消失了。

　　雖然也有與電腦藝術相關的理論，但是這些理論的創新相當有限。法國作家雷蒙‧葛諾（Raymond Queneau）制定「文學潛能工坊」（Ouvroir de littérature potentielle，

簡稱 Oulipo）的基本理念時，早已體認到這類文學練習
的侷限性。和廣播節目製作人喬治・夏朋尼耶（Georges
Charbonnier）的訪談中，他坦承，這些練習只不過是一些
文學經驗，無論如何，不能被視為文學創作的行為：「真正
的新式結構，」葛諾當時說道：「趣味只在於這些結構首次被
使用，極富創意。[15]」對葛諾來說，文學的束縛在作者開始書
寫時就已經存在。如果束縛只是外在，那麼它依舊是虛假
的。

　　有些研究者研究這些藝術產物帶來的技術革新的方式
令人驚訝。有些人探討藝術革新這個問題，認為新載體的使
用，例如電傳視訊、網際網路、即時通、超連結⋯⋯，光
是使用就足以改變人類的智力活動[16]。但是，認為技術環境可
以改變創作行為，取代一個真正的創作原理，這樣的想法無
法騙得了人。我們面對的是一種雙重的觀點：要嘛我們從一
個已存的原理來研究以複雜演算構造進行創作的問題，要嘛
我們只需倚賴社會技術的解讀，只停留在新電子載體使用的
邏輯，而不思考其他的創作原理。這就是我們從兩位藝術家

---

15. Raymond Queneau, *Entretiens avec Georges Charbonnier*, Paris, Gallimard, 1963.

16. 參見 Jacques Anis, *Texte et ordinateur, l'écriture réinventée*, Paris/ Bruxelles, De Boeck Université, 1998.

的案例所要探討的，他們的做法都結合了資訊科技和身體塑
性。

　　虛擬身體可以是一個即將誕生的身體。事實上，宣稱身
體廢棄過時，這樣的論調並不源於身體本身，或許更來自於
這些藝術家無力對身體提出一個審慎的解讀。

從史泰拉克到奧蘭

　　有所謂的無肉體皮膚，例如米開朗基羅的〈最後的審
判〉。有所謂的無皮膚之肉體，例如哥雅（Goya）的〈解剖
圖〉。但是也有做為身體素材的肉團，例如培根的〈人體研
究〉。也存在著無肉身體的懸吊與雜混，既非皮膚亦非肉
身，毫無身體可言，就像史泰拉克（Stelarc）擴張的身體或
奧蘭（Orlan）的賽博變形將身體工具化的做法。在史泰拉克
的例子裡，對身體的探討，是透過尺度比例與現場設置（met
en scène）的尺度衡量；在奧蘭的例子裡，身體被簡化成沒
有生命的科技裝置，雖然矛盾的是，身體是用來作為載體。
選擇這兩位身體藝術家做代表，藉此反思虛擬身體，並非隨
機之選。我們特別選擇這兩位，因為他們一部分的作品包含
了透過電子裝置處理身體。史泰拉克專注於機器人技術，奧
蘭則較傾向於使用資訊裝置，例如數位處理、影像變形技術

或合成影像的做法。

　　史泰拉克，本名史特里奧‧阿卡迪烏（Stelios Arcadiou），一九七〇年代末模控學身體藝術的先驅。以下這句話簡述了他的信條：身體已過時，必須將它延續、擴充並加以改造。認為身體是過時的，對史泰拉克而言，就是意味「身體不再能體驗在此累積的資訊[17]」。因此，只有把科技裝置融入身體才能讓身體真正的存活。要了解史泰拉克對身體的解讀，可以從〈分割身體／掃描機器人〉（Split body/Scanning robot）看出端倪，這是藝術家在一九九五年十二月二十二日的「第三屆里昂當代藝術雙年展」中的表演。可以看見史泰拉克在舞台上，身體與機器人組裝在一起，機器人會複製他的動作，彷彿機器人和藝術家笨手笨腳，進行著雙人舞，兩者相互搭配，最後幾乎無法看出究竟是誰在陪誰跳舞。

　　透過特殊外殼的建造作為感官的小空間，史泰拉克更能夠感知外在真實，探測人類身體的侷限。

　　藝術家是置身演變中的導覽者，推論並想像一些新

---

17. Stelarc, entretien avec Jacques Donguy, in "Art à contre-corps", *Quasimodo*, no. 5, printemps 1998, p.117.

的路徑⋯⋯他是基因雕塑師，重新構築人體，讓身
體極富感受力；他是身體內在空間的建築師；他是
心理的手術醫師，植入夢想，移植慾望；他是演化
的煉金術士，可以掀起許多蛻變，改造人類風景。[18]

除了藝術家論述中詩意和想像的層面，史泰拉克還提出
了一個基本的問題：身體所有的智慧都受制於自身的生理結
構。事實上，改變這個結構就是毀壞感知。因此，用機器人
科技或遙控的裝置擴充身體，來擴增能力與智慧，就成了一
件有趣的事情！

史泰拉克的問題在於，我們無法知道究竟是身體體驗
到感覺，並使用電子裝置來衡量身體的侷限，還是他只是把
身體視為一種外罩，需要額外接通裝置來強調生命體驗的面
向，即便最終把身體轉換成一種無生命的延伸物。這個二分
法在他初期的表演〈懸掛〉中就已經可以看見。一九七一年
起，最初他使用繩索，接著一九七六年起，他使用了鐵鉤直
接穿進皮膚，身體被懸吊，被擴增，用史泰拉克自己的話來

---

18. Déclaration de Stelarc citée par Mark Dery dans *La Cyberculture aujourd'hui, Paris*, Abbevillepress, 1997, p. 166.

說,「眼睛充滿雷射」。[19] 但是這些面向更能在他的電子雕塑作品中看到,是貨眞價實的擴增身體。史泰拉克的電子雕塑主要在於吞下一個電子裝置,由內部刺激身體,必要時將這樣的刺激視覺化呈現。

在此並非要從美學的範疇來評判這些表演,而是一方面要探討自我痛苦作為身體衡量的問題:「痛苦,會很難忍受嗎?的確,是很難忍受,拉撐的皮膚變成一種重力的風景,這便可看出身體是被懸吊起來的[20]」;另一方面,也可以探討痛苦作為將表演分等級的方式:

> 事情的困難 [指懸掛操作這件事] 是表面且即刻性
> 的。身體上的難處在於必須在胃裡面導入一個電子
> 雕塑……但這個困難並不明顯,大家都認為最困難
> 的表演還是在懸掛這個動作,有時的確是如此。[21]

最後引發的問題在於,從施虐與受虐的關係,來探討痛苦作為一種身體雕塑。

---

19. Stelarc, entretien avec Jacques Donguy, in "Art à contre-corps", op.cit., p.111.

20. 同前註,p. 112.

21. 同前註,p. 115.

　　但是史泰拉克身體觀點的問題，還要跨越表演的事件性。某種程度來說，這個問題遠超乎做為美學衡量的痛苦層次，雖然在這類的操作背後，隱藏著對身體及其極限的蔑視或輕忽。

　　這種所謂身體打造的騙局，主要是建立在意識形態的建構，隱約摻雜了德勒茲與瓜塔里關於身體的分析，以及加拿大哲學家麥克魯漢（Herbert Marshall McLuhan）對媒體的解讀，整體而言，大致架構於後現代對科技威力強大的推崇。史泰拉克對身體的「哲學解讀」相當有趣，因為這個解讀反映出他在舞台上呈現身體的方式。科技是「一種延伸，可增加並擴充我們操作上的能力[22]」，史泰拉克從這個理念出發，提出身體是一個可透過電子方式雕塑的物件。身體或許就是一種空的結構，必須透過新的科技，特別是微技術（microtechnologie），才能依據各種特性自由地雕塑和塑形：「身體生理上來說是空的結構，可以徹底、根本地重新刻劃。[23]」

　　史泰拉克重拾了「無器官身體」這個主題。「無器官身

---

22. 同前註，p. 116.

23. 同前註，p. 117.

體」（身體並非只是器官和組織的總和）是德勒茲與瓜塔里在
《反伊底帕斯》中，以亞陶（Antonin Artaud）的研究為基底
所提出的。史泰拉克堅稱身體既非與器官同在，也非無器官
身體，彷彿亞陶的無器官身體與身體外加器官的增減無關，
甚至也與組織的概念無關。對亞陶來說，無器官身體所欲闡
述的是，身體的問題不能以身體／精神的二元論，透過組
織的模式來解讀。無器官身體讓身體不是以各部分完美組合
加總的方式存在，而是讓身體變成一個拒絕組裝和工具化的
實體。亞陶的無器官身體摒拒組織的概念，因為組織背後隱
藏著一個支配的系統，把階級層次變成衡量生命的方式；而
史泰拉克卻用這種方式，透過器官延續身體的生命，尤有甚
者，組織必須成為身體的分級度量，這樣的做法相當關鍵。
無器官身體的概念被史泰拉克用作一個廣告口號，與亞陶所
欲警告的背道而馳。

　　同樣的問題也發生在他對麥克魯漢這句話的運用：「媒
體就是訊息。」史泰拉克將這句已成經典的名言付諸行動，他
從身體的地位出發，試圖重新組織資訊與資訊載體的關係。
器官作為資訊的載體，決定了身體成為資訊。既然身體已經
消失，蛻變成科技裝置的形貌，既然身體只是組織的一種，
既然器官決定身體存在的強度，那麼一個器官的破壞勢必改
變身體的整體視野，把身體變成機器人的補充物。此外，對

史泰拉克而言，身體作為資訊載體，就是一種結構，「會自我控制、自我改變、像任何一種媒體一樣會造假」。

　　整體而言，史泰拉克的身體觀就像康德的鴿子，一廂情願認為如果沒有地心引力，牠原本可以飛得更好，殊不知，正是地心引力才讓牠可以翱翔天際。這也顯示，人造身體並非一個虛擬身體。

　　奧蘭的問題也是大同小異，同樣的企圖，即表達身體，讓身體說話，就連狀況失控都是一樣，同樣出現把身體工具化的問題，同樣把身體簡化為組織，最後導致全面癱瘓。這兩位藝術家用自己的身體當作載體，並未真的能參照身體的權衡、侷限與弱點，提出身體觀，相反地，反而停留在感官上的模擬，而且通常只是膚淺的嘗試，從而未能解釋身體，也未能觸及真正身體的意義，因為真正的身體乃不透明、無法透析的身體。身體反而淪為器官的功能化運用，生命已經不再重要。混雜、異變、影像變形、互動性、表演、舞台設置，這樣就能把身體打造成一件開放的作品或是把器官變成一個器具，以便可以架設一具無意圖裝置嗎？究竟，奧蘭對身體是抱持甚麼樣的論述呢[24]？她將身體設為可塑造的媒

---

24. 對奧蘭創作的另一解讀，參見 Christine Buci-Clucksmann, *Triomphe du*

材，對身體提出甚麼樣的解讀？其中的意圖又是甚麼？這究竟是藝術品還是表演呢？

　　奧蘭這個特殊個案，最令人印象深刻的，就是被認為提出了打造虛擬身體途徑的賽博變形（cybermorphing）。透過賽博變形這種手法，奧蘭從「自我混拼」（self-hybridations，用不同的技術改造自身影像，加入其他元素，例如馬雅的面具 25）出發，運用資訊科技無止盡改造自己的身體。一九九三年她在紐約手術之後，和《紐約時報》記者談到：「只有當我的作品能夠盡可能達到資訊機器人面貌時，我才會停止我的工作。26」

　　為了能夠達到這個資訊機器人面貌的目標，奧蘭接受了多次外科整容手術。外科手術對奧蘭來說是一種媒介，正如機器人科技對史泰拉克而言是媒介一樣，手術並非要讓臉部變得更美，而是要把臉部雕塑成一塊原始的物質，每次都能巧妙地重新組構，藉此探討是否有所謂美的標準存在。她挪用了德勒茲與瓜塔里關於「臉性」（visagéité）的概念，

baroque, Marseille, Images en Manoeuvres Éditions, 2000, ou Michel Onfray, « Esthétique de la chirurgie », in *Le Désir d'être un volcan*, Paris, Grasset, 1996.

25. Pierre Bourgeade, Orlan, *Self-hybridations*, Paris, AI Dante, 1999.

26. Entretien avec Orlan cité par M. Dery dans *La Cyberculture aujourd'hui*, op. cit., p. 252.

卻沒有理解到，對兩位理論家而言，臉性表達的是本質的形象（主體能夠表達情感的特殊性），而非主體等待自我（受制於自身情感的個體）時的面貌形塑。其次，臉性融合了手術的結果和影像變形的科技，以成為永恆的自畫像，一種資訊的理想型態。而且，永恆的自畫像並非依據自身肖像打造，它可說是沒有起點。是否有副本、正本，或是副本中還有正本嗎？這不正是又落入藝術家馬歇爾‧杜象（Marcel Duchamp）「現成物」的精神中了嗎？

　　奧蘭不以主體自居，而是沒有典範的替身，而她的「自我混拼」經常傳遞了主體陷在一種沒有自我形象的自戀中。自戀，因為這個機制只涉及到自己的身體；無自我形象，因為每次都不是自己。事實上，從奧蘭的例子中，我們可以期待一種障礙身體的閱讀，這樣的閱讀可以將身體的生命經歷納入。奧蘭的案例或許就是藝術家常見的問題，一廂情願認為混拼就是自我雙重化，卻忘了為了讓身體雙重化必須要有一個想法。這個肉身藝術是否成功感受到身體了呢？感受身體，就是要了解它的尺度，它的侷限，它無法做到的地方。同時也是認清，身體的表演，不論是運動展現或是藝術家的身體表演，都不能衡量身體全部，而是衡量身體的功能（高水準運動員的身體變成了一具耗損過度的機械）。

　　不論是史泰拉克還是奧蘭，我們驚訝的是，兩位藝術家都使出渾身解數，提出關於身體全新的解讀，但卻無法打造一個真正的身體論述。也因為沒有提出真正的身體論述，我們很難分辨奧蘭的整容手術和麥可‧傑克森的整形有何不同，因為麥可‧傑克森同樣也主張，他做了這一切並非要達到理想的美，而是尋找一具理想的機器人面貌，也就是一個既非黑人亦非白人的歌手，五官都符合刻板的典型，足以企及「世界音樂」之精髓，成為其最佳代言人。但奧蘭對於這種不成體統的拼混卻比較是大手一揮，嗤之以鼻：

　　要把我跟洛洛‧法拉利（Lolo Ferrari）*或是麥可‧
　　傑克森相提並論，真的是再容易不過了，理所當然
　　地，把瑞曼（Robert Ryman）或是伊夫‧克萊恩
　　（Yves Klein）的單色畫和大樓油漆工的油漆粉刷相
　　比是很愚蠢的行為 27。

　　我們不清楚，奧蘭與洛洛‧法拉利和麥可‧傑克森的不

---

*　編註：洛洛‧法拉利（Lolo Ferrari，一九六三─二〇〇〇），法國情色女演員，進行多次整形和隆乳手術，曾獲金氏世界紀錄最大女性乳房。

27. Orlan, « Surtout pas sage comme une image (note 5) », in « Art à contre-corps »,
　　op. cit..

同，是否可從這些藝術家的認識論部署中看出。不過，這三人的確都涉及了一場真正的「自我」改造。問題在於探討這樣的改造引發的後果。如果只是像菲利浦・維涅（Philippe Vergne）*在奧蘭官網（www.orlan.net）首頁寫的，形容奧蘭的藝術是「後人類」（post-humain），這樣是否可以從馬勒侯（André Malraux）的精神來理解，馬勒侯認為藝術可以擺脫死亡，會不會科技也能夠超越人類身體？是否能夠因為身體會毀壞，所以就必須取代身體，排除這個難題？但又要用甚麼來取代身體呢？而且，並非身體會毀壞，而是這些網路藝術身體以及身體藝術的解讀，將器官簡化為身體的器具，這樣的解讀是僵化的。

在這些身體藝術的理論家這邊，器官變成簡單的工具，變成身體透明的可能場域。一種不得不的透明，沒有思考障礙身體。我們總是期待看到身體的各種狀態，但是到頭來我們還是遇到相同的瓶頸，身體甚至消失了。打造皮膚、肌肉、器官，這並不是談論身體，甚至算不上粗略地涉及身體。說好聽一點，這是把身體工具化，將身體視為器官的總和。充其量只是透過近乎廣告的宣傳論調，來彌補理論建構

---

* 編註：菲利浦・維涅（Philippe Vergne），法籍當代藝術策展人。

的匱乏。從這個角度來看，奧蘭或許是她自身的導演，而非主體的主人。奧蘭把脂肪裝在小罐子裡販售，還命名為「聖物」，把自己打造成市場經濟的產品，卻又建構了一番反對商人的論述。一九七六年的作品〈藝術家之吻〉，是一種活體雕塑，她把自己包裝在一個外殼中，殼的正面有一道細縫，觀眾投幣進去就可親吻藝術家。真正引人爭議的並非作品「商品化」的做法，真正令人撻伐的是，假借美學之名行「商品化」之實。

　　然而，奧蘭對身體的解讀中還是有一樣可取之處，她把身體粉碎，反倒觸碰了某種私密的內在，一種被我們自己潛隱到最深處的深層情感：身體的完整性。她把這些身體的改造像烙痕般帶在身上，邀請我們思索每個人自身的影像，以及我們對他人的看法。她把毀滅與重建變成像口號一般，自己則停留在**塑形**之中。那是身體被呈現為無生命外層時，身體之再現、闡釋與敘述的表達；而其他的藝術家像法蘭西斯・培根，在同樣的身體問題上，則脫離了塑形，直抵身體的**形象**，在其中表達了身體的原始物質，揭示了存在的強度。

2

障礙身體的回歸：互動裝置

數位藝術中身體的位置

在此，我們並非要在電腦藝術不同的表達形式中建立一個分類或等級區分，而是傾向選出一些裝置或部署，能夠提出真正的身體閱讀與分析。有別於奧蘭的混雜拼搭，有別於史泰拉克延伸的懸吊，讓我們反而更加期待一個能夠觀照自身的身體。虛擬真實提供可以召喚身體的方式，並非為了衡量或評估身體，而是為了認識身體多重變形的豐富與紛雜的特色。身體在此並未被工具化，也不是被功能化處理，亦非被視為經驗物件。它純粹被視為擁有生命經歷。

這個關於身體與實在的不同閱讀，還有另外一個好

處，可以讓我們認識真實多重形式的複雜。虛擬變成一種複雜的真實，我們無法同時攬住其整體。每個身體觀都是獨特且不同的觀點，雖然與其他的觀點並置交疊，卻又能互補，就像萊布尼茲（Leibniz）在《形上學論述》（*Discours de métaphysique*）第九篇中提到的城市觀，每個人都可以有其獨特角度觀看城市，但是只有上帝能有全知的視野。

　　虛擬真實中的身體，活在一處我們無法判斷是否有一個實體存在的世界。身體承受的束縛有哪些，必須探討這個問題，虛擬真實才能有意義。事實上，並非虛擬這個概念造成困難（應用的領域像是工業、醫學、建築相當的多，就是證明），而是這個想法：虛擬可以成為目的本身，將身體從束縛中解放出來。正如我們即將探討的，關鍵在於不要再想著如何解放身體，而是承擔身體。數位藝術裝置透過身體的束縛，探討身體侷限這個問題，肯定身體的存在，捍衛身體。另外，我們也要明確指出，數位藝術的特殊性在於，只有資訊處理以及演算的運作是虛擬的，因為虛擬是一個可能的表達；結果都是真實的傳遞，甚至是這個相同真實的表達。並沒有所謂的雙重，沒有模擬，也沒有幻象的建構，只有與實在完美搭配的模擬物。

幾個虛擬眞實的藝術裝置

以下將列舉一些數位裝置作品，作品中的身體處於某種情境中，被用來作為一種抵抗的場域，而非透明的場域。這些選擇並非出於甚麼專業分類，也沒有依據任何藝術標準。

通常，這些裝置都服膺了相同的準則：身體在部署的中心（D），部署提供一種真實的建模（M），一個操作者（O）與機器對話，一個互動系統（I），不同的擷取介面（I.S.），一個周邊的世界：真實（R）。這個部署通常被簡化為O-R-I形式。這些部署並不能讓每個人創造感知、行動或新的感官。只有能「進入」身體，提供身體真實另一種衡量的人，我們會特別探討。

▌ 虛擬信使〈Alex〉，一九九五 — 二〇〇〇

Alex是一個虛擬創造物，由凱薩琳・伊坎（Catherine Ikam）和路易－佛朗索瓦・弗雷里（Louis-François Fléri）創作，尚－巴布提斯・巴里耶（Jean-Baptiste Barrière）製作配樂。這個裝置還出現了不同版本，例如二〇〇〇年的《她》（*Elle*）和《她和聲音》（*Elle et la voix*）。這些不同的版本加入了行為管理系統，讓程式可以處理和觀眾的互動與交流的情境。

這個裝置設計了與一個虛擬人物（數位複製人Alex）

相遇，同步建模生成的合成聲音，一位參觀者在裝置的空間中自由遊走，手中拿著紅外線發射器，讓程式可以分析他的走向。這個裝置使用一個有感測器的紅外線發射器，根據座標（x、y、z）來定位觀眾的位置。Alex的臉部會隨著參觀者的移動同步變化表情，有時嚴肅，有時微笑，人如果走近他，他就會變大，如果觀眾後退，他就會跟著變小。Alex的臉會根據紅外線感測器的資訊做反應。音樂也一樣，同步隨參觀者的移動而調整。依據觀眾的所在位置，Alex的聲音會回應觀眾的呼喚。除了位置的變換，還可以檢驗觀眾聲音的三個參數：音高、振幅、音色。分析過聲音之後，複製人會根據裝置的基本參數採用他的回答來回應。但是這也可以控制預錄聲音樣本的選取。最後，完全獨立的對話過程可以隨機自動生成，打破彼此關係近乎機械化的線性節奏。

靜止不動時，只能聽見Alex的喘息聲；相反地，當展廳裡有動靜時，裝置會啟動，引導觀眾與複製人對話。觀眾會驚訝地看見自己上了鏡頭，即便Alex的臉並不是他的臉。

▌〈身體對身體〉（Corps à corps），一九九七

〈身體對身體〉是尚－保羅・馬佐（Jean-Paul Mazeau）構思的一個裝置，裝置中有兩個舞者分隔兩地在跳舞。他們在攝影機前跳舞，影像接著被安插在共同的螢幕上，螢幕由

許多方格組成。這個裝置可以讓兩個遠距分隔的舞者在同一個場景跳舞，兩個人共舞但彼此看不見對方。事實上，這兩個舞者彼此在競爭。兩人必須在跳舞的時候奪取物件。有物品被奪走，贏的舞者的影像就會佔據敵手的螢幕，兩位舞者的目標就在於讓自己的身體影像全部顯現。

馬佐的案例中，裝置主要的目標在於提供互動的公共空間，組成他所稱的「互動再創課程」，這也是他二○○○年一個裝置的名稱。

▌〈世界之膚〉（World Skin），一九九八

莫里斯・貝納永（Maurice Benayoun）的裝置，將拿著相機的觀眾安置在一條走道上。走道的牆壁上布滿了戰爭場景的相片。「戰爭就是一個集體的作品，具有危險的互動性」，這是藝術家說過的話。觀眾身上配戴著定位器和空間導航，同時也帶著一台相機，他們可以拍攝這些相片。每當他們按了一次快門，一幅恐怖駭人的畫面就會消失，取而代之的是一個黑色的身影。世界之膚就這樣逐步地被撕裂，貝納永就是透過這個方式，提出蹤跡與集體記憶如何抹拭、如何消失的問題。藝術家在介紹作品時強調，「拍攝會消除痛苦的內在性，同時又是見證。」整個裝置還搭配尚－巴布提斯・巴里耶的配樂。隨著記憶逐漸地消除，配樂也會演變，

整個場景不時有武器的轟隆聲穿刺，而且觀眾還必須在這樣的情境中拍照。

▍摩斯・康寧漢，摩斯・康寧漢舞團，生命形式軟體

我們最後要談的是摩斯・康寧漢（Merce Cunningham）的創作，雖然嚴格說來不是數位藝術，但將虛擬裝置結合了對身體的反思。

3D軟體生命形式（Life Forms）加入了人類特徵，例如重量、壓力，並提供了舞者姿態的可能，康寧漢就是借助這個軟體，將這些嶄新的編舞推上極致，讓身體可以真切體驗這些舞蹈動作編排。電腦提供了探測身體所有運動的可能。除了資訊工具之外，康寧漢也加入了錄影帶，將身體的動作細膩拆解，仔細分析斷裂點和平衡點。

虛擬藝術作品對身體的處理，顯得饒富趣味，因為它倚靠的是它啟動的互動過程。就是這些互動將虛擬真實與日常真實的互通點變得更強。這些複雜的連結將觀眾結合，見證了障礙身體如何設置了底層真實（infraréalité）的空間。虛擬真實無法擺脫真實的束縛；它只是以另一種形式呈現了束縛的存在。正是這個組合，讓我們所處的真實顯現出它的意義。

結論

　　我們從這個意念出發：身體作為自身的鏡子可以擁有
許多面向：真實、虛擬、合成、賽博格……事實上，經驗
告訴我們，身體如果要真實地存在，不論是真實、虛擬、合
成、賽博格，都必須抵抗所有透明的形式，保有自身的不透
明性、弱點和力量。我們也發現，電影經常拒絕思索虛擬身
體，只以刻板印象來思考（虛擬，真酷！）。關於虛擬身體的
深刻屬性，最有趣的分析來自科學，我們能從這個事實導出
甚麼結論呢？為什麼最能洞悉身體祕密的藝術家，往往也是
最能掌握身體的侷限與弱點的人呢？

　　幻覺強大有力，這樣的藉口並不足以解釋為何我們對於
身體的反思依然匱乏。還有其他的原因。或許也包含了我們

的恐懼，害怕接受我們的身體是劇場，自己生命的舞台，大家都希望能充分掌控，卻無人能夠加以支配。身體這個獨特的私密場域，它依舊是一個「領地」，保障著每個人的自由，而那些對身體進行改造的企圖，刺青、穿孔、切除、整形手術或化妝，都傳達了一種意識：「我有一個身體，為什麼？要怎麼做？」這個意識有一千零一種方式去表達，可以是青少年「叛逆」的行徑，也可以是毛利人在宗教上、文化上或社會上的逾越。

當我們試圖觸及身體最深刻的存在歷程，勢必要將身體視為多元世界的組合，一種想像、人工、模擬與真實的混合。問題或許就在於探討，日後是否有一位導演能夠提供我們一個比好萊塢電影「紅色藥丸還是藍色藥丸？」更精湛的問題，真正地探問身體為何物。

附錄

虛擬即實在

　　字典通常把虛擬解釋為可能（possibilité）。一個虛擬的事件就是意味這個事件有可能存在；一個虛擬的物件，就是指這個物件沒有現實的效果，它只是潛在的。現實就是虛擬的對立。但是不論是虛擬還是現實，這兩個用語都表達了真實。虛擬不是實在的相反，因為的確存在著一個虛擬的現實。事實上，虛擬大致上可以定義為一切潛在之物，單純的存在可能性，一個實在的本質。虛擬包含了不同的概念，例如可能、潛在、或許、虛構。

　　「虛擬」（virtualité）一詞的詞源印證了虛擬和現實的對立，字根vir在拉丁文中首先意味著成為人的狀態，這又與另一個拉丁字virtus相互關聯，意即一個人身體和精神上的特徵，也是個體的價值所在。從小孩過渡成大人，這個過程解釋了可能的概念，因為兒童就是一個潛在的大人。從這個意義來看，哲學傳統，透過亞里斯多德的分析，挪用了這個概念。

　　從亞里斯多德把虛擬變成潛在事物的原則，把這個原則與現實化原則對立，到海德格在場域理論，把虛擬定義為無棲居原則，哲學對虛擬的使用顯示，當一個物件只是以尚未現實化的形式存在，它就是虛擬的。換言之，虛擬遭遇的是無法全然的做自己，因為如果它可以全然做自己，它就不是虛擬，而是變成現實且已完成的存在。

　　虛擬與現實的對立有兩種解讀，在亞里斯多德的《形上學》（*La Métaphysique*）中可以發現這樣的雙重解讀。第一種解讀相對的比較貧乏，虛擬被定義為「其所不是」；它還需要一個主要的東西（現實），才能存在。亞里斯多德經常援引大理石塊作為例子，大理石塊是潛在的雕像，只是當下它還只是一塊大理石。然而這個分析還是太過簡要。第二種解讀相對有趣多了，暗示了潛在和命運注定的概念。虛擬包含了一個物件在尚未現實化時的所有品質。一種隱藏的強大潛力，可

以讓物質現實化。

亞里斯多德廣泛討論這個些微的差異，而網路哲學家就是從這個雙重解讀的差異中把虛擬窄化為強大的潛能。一個將擁有真實的物件就是潛在，但這是一個較低較弱的真實。這個較低真實與行動中的真實相互對立，行動中的真實是完整且全面的。在經院哲學傳統中，這個對立變成形式in actu（在操作中），與潛在in potentia（在可能性上）的對峙。神學就是運用這個方式來解釋耶穌身體在聖餐中潛在或虛擬的臨在。但是要更深入理解虛擬的概念，首先必須從物質的概念著手，這是真實的第一個原則。

虛擬的源頭是物質

要掌握亞里斯多德的虛擬原則，首先必須瞭解這個概念形塑的過程。在物質的源頭，有自然的概念，接著是形式，最後則是變化。我們就以亞里斯多德的大理石塊為例，最初是一塊由物質構成的大理石，形式是長方形平行六面體。這個物質與形式，以及自身的特質，構成了大理石的特徵。自然就在運動與改變的源頭，它的定義就是「讓每個自己擁有

運動和改變原則的物件成為即刻主體的物質[1]」。大理石做為一個從屬於變化與運動的物質與形式，有其自己的特質。因此，當它獲得自身特有的形式，大理石就是真正的大理石。

雕刻師揮動著雕刻刀，石塊逐漸改變形式，變成了一尊雕像。事實上，自然有兩個意思。自然是物質（morphè），從屬於改變的原則，但自然也是形式（eidos），從屬於目標原則。大理石的本質就是物質與形式的總和，因為物質與形式是密不可分的，「這再邏輯不過了[2]」。這個加總是可能的，因為自然的原則就是朝向一個目的的改變，這顯示了自然（phusis）的概念，它來自希臘文的phuein，意即「成長」。當自然製造出改變，總是朝向一個目的，一個所有自然的存在物都會趨往的形式，就像大理石塊會往雕像的形式前去。在大理石塊改造的背後，亞里斯多德建立了因果的概念，用以解釋自然的改變。有四個原因讓大理石塊成為雕像變得可能：質料因素（石塊）、形式因素（雕像的形式與用來形塑雕像的模特兒）、動力因素（雕塑家的手雕塑著大理石塊）、目的因素（雕像的終點，也就是雕像的用途以及藝術家透過雕像所要傳遞的訊息）。

---

1. Aristote, *Physique*, livre II, chap. I, 193a.
2. 同前註，193b.

　　這四個因素，加上形式與物質的改變，正符合自然內在的原則，這個原則本身可以在圓滿實現（entéléchie）概念找到源頭，也就是自然組織性的最終目標。物質與形式朝向一個目標，一種內在原則，其中的組織性目標決定了物件的安排[3]。這個目標讓物件的改變過程變得可能，從這個改變，虛擬與現實化，潛在與行動，這些組合才逐漸有了意義。

虛擬乃物質的運動

　　在這些條件下，虛擬只是物質變化的不同狀態中的一個時刻，因為虛擬並非實在的對立，也不是現實性（actualité）的對立。對亞里斯多德而言，重點不在於以一個狀態取代另一個狀態（虛擬狀態／現實狀態），而是從一個特殊性轉換成另一個特殊性（同樣的真實可以透過現實化而改變）。在虛擬和現實性的組合中，不是其一取代其二；而是純粹只是一種改變，在從潛能轉換成行動的過程中實現。物質的改變就是這個過程的結果。而這個改變只有因為物質是永恆的改變過程才變得可能，這個過程會無休止地從行動變成潛在，或是從潛在變成行動。亞里斯多德講述的是改變而非取代，那是

---

3. Aristote, *De l'âme*, livre II, chap. I, 412a.

因為作為基質的物質會持續存在，不論它處於何種狀態。在
《形上學》一書中，他寫道，物質是一種純粹的潛能，未定的
事物。

　　從行動到潛在和從潛在到行動，這個過程可由行動
（energeïa）首先是本質（ousia）來解釋：「本質或形式是潛
在之前的一個行動[4]。」由於行動是終結狀態的結果（圓滿實
現），這個行動銘刻在可能實現的侷限中。事實上，當潛在
本質獲得一個形式時，它變成了行動本質，這個有形式的行
動，就是亞里斯多德所定義的物質，物質即為了讓形式可以
顯現，所有必須被實現的條件。潛在位於行動之前，首先
就邏輯上來說，因為潛在的概念意味著行動概念（這是兩個
不同的邏輯命題），就時間上來說，因為行動本質是在另一
個行動本質的影響下，才能從潛在本質而來（學生有一個老
師），而從本質上來說，因為潛在本質是從行動本質中汲取
它的本質（essence）（橡果是潛在的橡樹）。

　　這個從行動到潛在、從潛在到行動的過程，說明了運動
就是「把可能的行動變為可能[5]」。一個身體從潛在狀態過渡
到行動狀態，那是因為它內部存在著變成這樣的可能性。但

4.　Aristote, *La Métaphysique*, livre thêta, chap. VIII, 1050.

5.　Aristote, *Physique*, livre III, 201a.

是可能性並非虛擬的同義詞。

實在並非必要

要理解為何虛擬並非可能，首先必須了解從哪些方面來說實在（le réel）並非必要。十七世紀的哲學傳統習慣把真實的事件視為必要。因此，實在與必要密不可分。不論霍布斯（Hobbes）、笛卡爾、馬勒布朗奇（Malebranche）或史賓諾莎，真實在本質上是必要的，且只能是如此。由於神聖的因果關係，如果一個物件是真的，這是因為必須使然。上帝致力把真實的東西變成必要，把必要的東西變成真實。如果這樣的事件實踐了，它就變成真實，也保有存在的必要理由。萊布尼茲則提出了關於現實的不同解讀。對他而言，**必要原則**認可了諸如「A不同於B」這類型的邏輯命題，而這些命題卻又不見得真的存在。一個事物可以是邏輯且必要，卻又沒有真正的存在。當一個事件變得可能，並非這個事件是真實，只能說這個事件是可以被考量。把這個想法運用到身體虛擬性的問題上，意味著虛擬身體（數位藝術裝置）是一個尚未現實化的身體，而可能的身體（好萊塢電影中的賽博格創造物所製造出的幻覺世界）則依然是可被考量的，雖然它並沒有任何機會成為真實，

而且也不會存在。數位藝術或科幻文學的豐富性，正是建立在虛擬身體的真實與可能造物的幻覺之間的對立。虛擬身體只能等待科技發展才能顯現，而可能的造物也只是來自作者的想像。虛擬身體的真實是可以實現的，因為它把實在變成存在的原則，可能造物則不可實現，因為它只會是單純的精神視界。

在這種情況下，當事件彼此不矛盾，這些事件就可以是可能且必要。A事件可以是可能，同時也可以是必要的，條件是它不會與B事件矛盾，而B事件也同樣是可能又必要的。這些可能事件的總和，都是必要的，因為有足夠的理由成為必要，這便是萊布尼茲所謂的**共存**，意即事件可能存在的全部，但所有事件又不見得會實現。在萊布尼茲這邊，這些變成了理想的可能世界的概念。一個亞當不墮落的世界是可能的，卻不會是現實的。於是，現實（l'actuel）是可能，卻又不見得是真實的。現實需要一場實現，從這個意義來看，虛擬並非實在的相反，而是現實的相反。虛擬是實在，因為虛擬是可能即將可以實現的某物。但是也不會因此就把虛擬變成可能，因為可能只是具有虛擬的特質。這是成為虛擬的一種模式。

虛擬並非可能

活在最理想的可能世界，這意味著其他的世界都有一個特殊的現實性，但是並未被實現，畢竟上帝選擇了實現擁有最大化本質的那個世界。一個亞當會犯下原罪的世界和一個亞當不會犯下原罪的世界都是同樣可能的。在所有事件中，上帝只選擇了最能夠創造最理想的可能真實。因此，萊布尼茲將兩組概念結合在一起，但並未混淆：虛擬和與它對立的現實，可能和與它對立的實在。

在《差異與重複》（*Différence et répétition*）中，德勒茲提出三個理由來解釋虛擬與可能的不同之處。

第一個理由主要顯示，可能並非實在：「如果不存在本身已經是可能，並且具備這個概念之所以成為可能的所有特徵，那麼存在與不存在之間會有何差異？[6]」在這情況下，虛擬與現實完全不同，因為虛擬意味著一場實現；它需要被實現，只是它沒有被現實化。

第二個理由指出，可能是邏輯一方的，它指向概念中的身分形式，而虛擬則是物件的運動與過程：它會被實現。如果可能意味著邏輯秩序而非矛盾，那麼虛擬則是指向多重性，排除了各種邏輯身分（一個事件可以是可能卻又不是實

---

6. Gilles Deleuze, *Différence et répétition*, Paris, PUF, 1968, p. 273.

在,例如太陽明天不會升起)。

第三個理由指出,可能只能以真實的影像來被思考,而非真實。可能可以有實在所有的外表,它可以像是實在,但是與實在的相似還不至於製造出真實的某物。

德勒茲便是以這樣的方式在萊布尼茲那邊尋找組合計算的分析,萊布尼茲把這個計算定義為形成所有可能關聯的可能性。這意味著關聯必須清楚,也就是彼此不相矛盾的關聯(不可能將這些關聯混淆),但也有所區分(對於可以彼此辨識出的特徵有相當明確的認識,就像擴延與思想的差異)。因此,對於萊布尼茲而言,「可能物件中有某些潛在,才能存在。[7]」

德勒茲在《差異與重複》中援引了普魯斯特的這個句子:「真實而不實際存在,理想而不抽象」,他自己又加入這句:「象徵而不虛構[8]」。除了這個句子,普魯斯特也提出虛擬之真正特徵的問題,來探討真實潛在或隱匿的表達。就像德勒茲從柏格森(Bergson)的論述中所揭示,虛擬之中存在著真實,真實擁有成千上萬種表達方式,從藝術的潛在性到資訊過程。虛擬作為一種潛在的現實化,也是柏格森關於記憶的

---

7. 參見 Gaston Grua, *Textes Inédits*, vol. I, Paris, PUF, 1948, p. 285.

8. G. Deleuze, *Différence et répétition*, op. cit., p. 269.

思考核心。[9]

　　我們之所以說虛擬真實，一部分是因為虛擬並非真實的替代管道。虛擬實境既非人造的真實，也非真實的模擬物。它是真實的其中一種狀態。虛擬會在多重中現實化自身：它可以做出對物件的解讀，指出其中隱藏之物。此內在之物，既是萊布尼茲的「褶」（pli），也是塞尚的自然於內（la nature est à l'intérieur），杜象的次薄（inframince），或是傅柯的系譜間隙（interstice généalogique），甚至也可以是德勒茲的再畛域化（reterritorialisation）。

---

9. 參見 Gilles Deleuze, *Image-temps*, Paris, Éditions de Minuit, 1985, p. 109. 德勒茲從柏格森的《物質與記憶》（*Matière et mémoire*）中，透過水晶－影像的概念，指出並沒有虛擬取代真實，只有眼睛自然（œil-nature）取代他所謂的資訊大腦，一個可見性的發現抹除了可見。虛擬顯露了物件內部的東西。

虛擬真實：我們的身體在或不在？

La Réalité virtuelle. Avec ou sans le corps

作　　　　者	亞蘭·米龍 （Alain Milon）
譯　　　　者	林德祐
美 術 設 計	朱陳毅
內 頁 構 成	高巧怡
行 銷 企 劃	林瑀、陳慧敏
行 銷 統 籌	駱漢琦
業 務 發 行	邱紹溢
營 運 顧 問	郭其彬
責 任 編 輯	張貝雯
總 　編　 輯	李亞南
出　　　　版	漫遊者文化事業股份有限公司
地　　　　址	台北市松山區復興北路331號4樓
電　　　　話	(02) 2715-2022
傳　　　　真	(02) 2715-2021
服 務 信 箱	service@azothbooks.com
網 路 書 店	www.azothbooks.com
臉　　　　書	www.facebook.com/azothbooks.read
營 運 統 籌	大雁文化事業股份有限公司
地　　　　址	台北市松山區復興北路333號11樓之4
劃 撥 帳 號	50022001
戶　　　　名	漫遊者文化事業股份有限公司
初 版 一 刷	2021年12月
定　　　　價	台幣280元

ISBN　978-986-489-550-2

La Réalité virtuelle. Avec ou sans le corps
© Editions Autrement, Paris, 2005.
Complex Chinese translation copyright © Azoth Books Co., Ltd., 2021
All rights reserved.
This work published with the assistance of the Institut Universitaire de France (IUF)

國家圖書館出版品預行編目 (CIP) 資料

虛擬真實：我們的身體在或不在?/ 亞蘭. 米龍(Alain
Milon) 著；林德祐譯. -- 初版. -- 臺北市：漫遊者文化
事業股份有限公司, 2021.12
　　面；　公分
譯自：La réalité virtuelle : avec ou sans le corps.
ISBN 978-986-489-550-2(平裝)

1. 科學哲學 2. 人體學 3. 虛擬實境

301.1　　　　　　　　　　　　　110019221

漫遊，一種新的路上觀察學
www.azothbooks.com
漫遊者文化

漫遊者文化

大人的素養課，通往自由學習之路
www.ontheroad.today
遍路文化·線上課程